Haykel Gaaya

Inégalités de type von Neumann, image numérique de rang supérieur

Haykel Gaaya

Inégalités de type von Neumann, image numérique de rang supérieur

et applications à l'analyse harmonique

Presses Académiques Francophones

Impressum / Mentions légales

Bibliografische Information der Deutschen Nationalbibliothek: Die Deutsche Nationalbibliothek verzeichnet diese Publikation in der Deutschen Nationalbibliografie; detaillierte bibliografische Daten sind im Internet über http://dnb.d-nb.de abrufbar.

Alle in diesem Buch genannten Marken und Produktnamen unterliegen warenzeichen-, marken- oder patentrechtlichem Schutz bzw. sind Warenzeichen oder eingetragene Warenzeichen der jeweiligen Inhaber. Die Wiedergabe von Marken, Produktnamen, Gebrauchsnamen, Handelsnamen, Warenbezeichnungen u.s.w. in diesem Werk berechtigt auch ohne besondere Kennzeichnung nicht zu der Annahme, dass solche Namen im Sinne der Warenzeichen- und Markenschutzgesetzgebung als frei zu betrachten wären und daher von jedermann benutzt werden dürften.

Information bibliographique publiée par la Deutsche Nationalbibliothek: La Deutsche Nationalbibliothek inscrit cette publication à la Deutsche Nationalbibliografie; des données bibliographiques détaillées sont disponibles sur internet à l'adresse http://dnb.d-nb.de.
Toutes marques et noms de produits mentionnés dans ce livre demeurent sous la protection des marques, des marques déposées et des brevets, et sont des marques ou des marques déposées de leurs détenteurs respectifs. L'utilisation des marques, noms de produits, noms communs, noms commerciaux, descriptions de produits, etc, même sans qu'ils soient mentionnés de façon particulière dans ce livre ne signifie en aucune façon que ces noms peuvent être utilisés sans restriction à l'égard de la législation pour la protection des marques et des marques déposées et pourraient donc être utilisés par quiconque.

Coverbild / Photo de couverture: www.ingimage.com

Verlag / Editeur:
Presses Académiques Francophones
ist ein Imprint der / est une marque déposée de
AV Akademikerverlag GmbH & Co. KG
Heinrich-Böcking-Str. 6-8, 66121 Saarbrücken, Deutschland / Allemagne
Email: info@presses-academiques.com

Herstellung: siehe letzte Seite /
Impression: voir la dernière page
ISBN: 978-3-8381-7358-0

Copyright / Droit d'auteur © 2013 AV Akademikerverlag GmbH & Co. KG
Alle Rechte vorbehalten. / Tous droits réservés. Saarbrücken 2013

Inégalités de von Neumann sous contraintes, image numérique de rang supérieur et applications à l'analyse harmonique

Remerciements

J'exprime mes profonds remerciements à mon directeur de thèse Gilles Cassier pour l'aide compétente qu'il m'a fournie, pour sa disponibilité, pour sa patience et ses nombreuses suggestions pour trouver des résultats, pour le soutien scientifique et moral qu'il m'a apporté pour pouvoir réaliser ces résultats. Son œil critique m'a été très précieux pour structurer ce travail et pour améliorer la qualité des différentes sections. Je le remercie aussi pour ses indications au sein du groupe de travail "Analyse Complexe et Théorie des Opérateurs". Je tiens à ajouter que ce groupe de travail m'a permis d'acquérir une culture scientifique au delà de mon sujet de recherche et m'a donné l'occasion d'améliorer ma façon d'exposer.

Je remercie chaleureusement Hervé Queffélec qui m'a fait l'honneur de présider mon jury. Je souhaite également remercier mes rapporteurs, Catalin Badea et Alfonso Montes Rodríguez pour avoir accepté d'être rapporteurs, pour la qualité de leurs relectures et le contrôle des résultats figurant dans la thèse. Ma gratitude va également à Thierry Fack, Gilles Godefroy qui ont accepté de faire partie de mon jury de soutenance.

Je tiens aussi à remercier mes collègues qui ont participé à notre groupe de travail, je cite Laurian Suciu, Jérôme Verliat, Hassane Alkanjo et Abdelouahab Mansour pour les discussions drôles et sympathiques pendant les déjeuners dans le restaurant du personnel et les pauses café.

Je n'oublierai pas les aides permanentes reçues du personnel administratif : Mme Gaffier, Mme El Melhem et Mme Peix pour leur gentillesse et leur disponibilité.

Je pense également aux doctorants et aux enseignants avec qui j'ai partagé de bons moments de complicité et des discussions intéressantes, je cite mes collègues de bureau Elodie Bouchet, Gladys Naomie Djoko Dayonou, Evrad M. D. Ngom et John Sherill.

Finalement, je voudrais encore et surtout remercier ma femme Sana à qui je dédie ce livre pour tout le soutien qu'elle m'a apporté.

Table des matières

1 **Introduction** — 7

2 **Préliminaires** — 11
   2.1 Quelques résultats classiques sur les fonctions analytiques . . . . — 11
   2.2 Définition et propriétés du shift tronqué . . . . — 14
   2.3 La classe d'opérateurs de Wu et Gau et propriétés géométriques de leurs images numériques . . . . — 15
   2.4 Sur les angles entre les sous-espaces modèles . . . . — 17
   2.5 Opérateurs de rang 1 et produit tensoriel . . . . — 19

3 **Sur le rayon numérique du shift tronqué** — 21
   3.1 Notations . . . . — 21
   3.2 Inégalités de von Neumann sous contraintes . . . . — 22
   3.3 Sur le rayon numérique du shift tronqué . . . . — 27
      3.3.1 Propriétés . . . . — 27
      3.3.2 Construction géométrique du rayon numérique . . . . . . — 31
      3.3.3 Relation entre le rayon numérique de $S^*(\phi_{-\alpha})$ et celui de sa partie réelle. . . . . — 35
   3.4 Sur la matrice de Kac, Murdock et Szegö . . . . — 39
   3.5 Applications . . . . — 44
   3.6 Une expression explicite du rayon numérique de $S(\phi)$ dans le cas où ϕ est un produit de Blaschke fini avec un unique zéro . . . . — 46
   3.7 Application : Une formule de Schwarz-Pick pour les contractions nilpotentes . . . . — 55
   3.8 Une estimation du rayon numérique de $S(\phi)$ dans le cas où ϕ est un produit de Blaschke fini quelconque . . . . — 57

4 **L'image numérique de rang supérieur du shift** — 61
   4.1 Définition et propriétés . . . . — 61
   4.2 L'image numérique de rang k du shift . . . . — 66

Chapitre 1

Introduction

Cette thèse s'inscrit dans le domaine de la théorie des opérateurs qui consiste en l'étude des endomorphismes continus d'un espace vectoriel normé qu'on notera $\mathcal{H}$ dans toute la suite. Il sera supposé muni d'une structure d'espace de Hilbert complexe et séparable. On note $\mathcal{B}(\mathcal{H})$ l'algèbre de Banach de tous les opérateurs linéaires et bornés sur $\mathcal{H}$. L'un des opérateurs qui m'a particulièrement attiré est l'opérateur modèle noté $S(\phi)$ qui désigne la compression du shift unilatéral S sur l'espace modèle $H(\phi) = \mathbb{H}^2 \ominus \phi\, \mathbb{H}^2$ où ϕ est une fonction intérieure.

Si l'opérateur $S(\phi)$ a été intensivement étudié dans les années 60 et 70, le calcul de son rayon numérique reste un problème ouvert et largement étudié. Certains mathématiciens tels que Wu, Gau, Mirman [16], [32] et bien d'autres se sont intéressés à l'image numérique de $S(\phi)$ dans le cas particulier où ϕ est un produit de Blaschke fini. Ils ont d'ailleurs prouvé qu'elle vérifie certaines propriétés géométriques comme la propriété de Poncelet. Néanmoins l'étude du rayon numérique de $S(\phi)$ s'est avérée d'une grande importance et a beaucoup d'applications en analyse harmonique.

En 2002, Catalin Badea et Gilles Cassier ont montré dans leur article intitulé "Constrained von neumann inequalities" un résultat qui établit un rapport entre le rayon numérique du shift tronqué et les coefficients de Taylor des fractions rationnelles positives sur le tore. Ils ont prouvé que si $F = P/Q$ est une fonction rationnelle sans partie principale ($d°P < d°Q$) positive sur le cercle unité, alors son coefficient de Taylor c_k d'ordre k satisfait l'inégalité suivante :

$$|c_k| \leqslant c_0\, \omega_2(R^k),$$

où $R = S^*_{|Ker(Q(S^*))}$. Ce résultat a marqué le début de mes investigations. L'objet de la première partie de notre travail est de donner une généralisation de ce théorème dans le sens où on n'imposera aucune condition sur les degrés de P et Q. En effet, on a montré que si P et Q sont deux polynômes premiers entre eux, alors on a

$$|c_k| \leqslant c_0\, \omega_2(S^{*k}(\varphi))$$

où φ est un produit de Blaschke ne dépendant que des zéros de P et Q. Ces deux résultats donnent une généralisation de l'inégalité de Fejér et de l'inégalité de Egerváry et Szász. Le problème qui s'est donc posé ensuite était de trouver une estimation du rayon numérique de $S(\phi)$ dans le cas où ϕ est un produit de Blaschke fini.

Dans une première partie de cette thèse, nous nous sommes intéressé à une matrice très particulière. Il s'agit de la matrice de Toeplitz d'ordre n notée $K_n(\alpha)$ et définie par

$$K_n(\alpha) = (\alpha^{|r-s|})_{r,s=1}^n,$$

avec $0 \leq \alpha < 1$. Kac, Murdock et Szegö ont montré que les valeurs propres d'une telle matrice sont les points

$$\lambda_{k,\alpha}^{(n)} = P_\alpha(e^{it_k^{(n)}}) \text{ avec } 1 \leq k \leq n$$

où $P_\alpha(e^{it})$ est le noyau de Poisson défini par

$$P_\alpha(e^{it}) = \frac{1-\alpha^2}{1-2\alpha\cos t + \alpha^2}.$$

Ici les $t_k^{(n)}$ sont les n solutions de l'équation

$$\frac{\sin(n+1)t - 2\alpha\sin nt + \alpha^2\sin(n-1)t}{\sin t} = 0.$$

L'évaluation des $t_k^{(n)}$ en une forme plus explicite est toujours d'actualité. Néanmoins il est facile de voir qu'on peut les séparer par les points $\left(x_k = \dfrac{k\pi}{n+1}\right)_{1 \leq k \leq n}$ de la façon suivante :

$$0 < t_1^{(n)} \leqslant x_1 < t_2^{(n)} \leqslant x_2 < \cdots < t_n^{(n)} \leqslant x_n < \pi.$$

Dans le cas $\alpha = 0$, on a $t_k^{(n)} = \dfrac{k\pi}{n+1}$.

Cette matrice est généralement utilisée comme matrice test et dans notre cas elle s'est révélée d'une grande utilité. En effet, dans la seconde partie de ce travail, nous avons donné une expression explicite du rayon numérique de $S(\phi)$ dans le cas particulier où $\phi(z) = \left(\dfrac{z-\alpha}{1-\overline{\alpha}z}\right)^n$ est un produit de Blaschke avec un unique zéro α :

$$w_2(S(\phi)) = \frac{1-|\alpha|^2}{2\alpha}(-\lambda_{n,|\alpha|}^{(n)} + \frac{1+|\alpha|^2}{1-|\alpha|^2})$$

Ici $\lambda_{n,|\alpha|}^{(n)}$ est la fameuse n-ème valeur propre de la matrice de Kac, Murdock et Szegö. En utilisant le théorème de Vasyunin et Nikolski sur les angles entre les sous espaces modèles, ce dernier résultat nous a permis de donner une estimation de $w_2(S(\phi))$ dans le cas d'un produit de Blaschke fini avec des zéros différents.

L'objet de la partie suivante est l'étude de l'image numérique de rang supérieur $\Lambda_k(T)$ qui est l'ensemble de tous les nombres complexes λ vérifiant $PTP = \lambda P$ pour une certaine projection orthogonale P de rang k. Cette notion a été introduite par M.-D. Choi, D. W. Kribs, et K. Zyczkowski [8] et elle est utilisée pour certains problèmes en physique. Pour $k = 1$, l'image numérique de rang supérieure coïncide avec l'image numérique classique. Dans [44], H. Woerdeman a montré que $\Lambda_k(T)$ est convexe après avoir réduit dans une première phase le problème de convexité à résoudre une équation de type Ricatti. Dans [12] nous nous sommes intéressés à l'image numérique de rang supérieure du shift n-dimensionnel S_n agissant sur $\mathbb{C}^n$ et on a prouvé que pour tout entier naturel $n \geq 2$ et $1 \leq k$, $\Lambda_k(S_n)$ coïncide avec le disque fermé $\{z \in \mathbb{C} : |z| \leq \cos\dfrac{k\pi}{n+1}\}$ si $1 \leq k \leq \left[\frac{n+1}{2}\right]$ et elle est réduite à l'ensemble vide si $\left[\frac{n+1}{2}\right] < k$. Ensuite, on en déduit que $\Lambda_k(S) = D(0,1[$.

Chapitre 2

Préliminaires

2.1 Quelques résultats classiques sur les fonctions analytiques

Dans ce paragraphe nous allons commencer par rappeler certains résultats bien connus concernant la théorie des espaces de fonctions analytiques et qui nous seront d'une grande utilité tout au long de cette thèse.

On note par $\mathbb{D}$ le disque unité formé par les nombres complexes de module strictement inférieur à 1, par $\mathbb{T} = \partial \mathbb{D}$ le cercle unité et par $dm(t) = dt/2\pi$ la mesure de Lebesgue normalisée sur le cercle unité. Pour $1 \leq p < \infty$, et pour toute fonction mesurable à valeurs complexes définie sur $\mathbb{T}$, on pose

$$\|f\|_p = \left(\int_{\mathbb{T}} |f|^p dm\right)^{\frac{1}{p}}.$$

On appelle $L^p(\mathbb{T})$ l'ensemble de toutes les fonctions pour lesquelles $\|f\|_p < \infty$.

L'espace de Hardy $\mathbb{H}^p(\mathbb{T})$ représentera le sous espace fermé de $L^p(\mathbb{T})$ des fonctions pour lesquelles les coefficients de Fourier d'indice négatif sont nuls. L'espace de Banach $\mathbb{H}^p(\mathbb{D})$ représente l'ensemble des fonctions analytiques dans $\mathbb{D}$ pour lesquelles

$$\|f\|_p = \sup_{0 \leq r < 1} \left(\int_{-\pi}^{\pi} |f(re^{it})|^p dm(t)\right)^{1/p} < \infty.$$

D'après un résultat classique de la théorie des espaces de Hardy, on sait qu'on peut identifier isométriquement $\mathbb{H}^p(\mathbb{T})$ et $\mathbb{H}^p(\mathbb{D})$ via le noyau de Poisson

$$P_r(t) = \sum_{n \in \mathbb{Z}} r^{|n|} e^{int} = \frac{1-r^2}{|1-re^{it}|^2}$$

en associant à toute fonction $f^* \in \mathbb{H}^p(\mathbb{T})$ une fonction $f \in \mathbb{H}^p(\mathbb{D})$ définie par :
$$f(z) = f(re^{it}) = \int_{-\pi}^{\pi} f^*(e^{i\theta}) P_r(t-\theta) dm(\theta).$$

Réciproquement, pour tout $f \in \mathbb{H}^p(\mathbb{D})$ avec $1 \leq p < \infty$, le théorème de Fatou, que l'on énoncera ci-dessous nous assure que la limite radiale
$$f^*(e^{i\theta}) = \lim_{r \nearrow 1} f(re^{i\theta}),$$
existe pour presque tout $e^{i\theta} \in \mathbb{T}$ et définit une fonction appartenant à $\mathbb{H}^p(\mathbb{T})$. Ainsi l'application :
$$\mathbb{H}^p(\mathbb{D}) \ni f \longrightarrow f^* \in \mathbb{H}^p(\mathbb{T})$$
réalise un isomorphisme isométrique d'espace de Banach. Pour cette raison, dans la suite on utilisera la notation commune $\mathbb{H}^p$. $\mathbb{H}^\infty$ désigne l'espace des fonctions holomorphes et bornées sur $\mathbb{D}$. D'après le théorème de Fatou, on sait qu'à chaque fonction f dans $\mathbb{H}^\infty$ correspond une fonction f^* définie presque partout sur $\mathbb{T}$ par
$$f^*(e^{it}) = \lim_{r \to 1} f(re^{it}).$$
De plus, on a
$$\|f\|_\infty = \|f^*\|_\infty.$$

Théorème 2.1 (Fatou, [22], p.34). *Soit μ une mesure borélienne finie sur le cercle unité, et soit f la fonction harmonique sur le disque unité définie par*
$$f(re^{i\theta}) = \int_{-\pi}^{\pi} P_r(t-\theta) d\mu(t).$$
Soit θ_0 un point où μ est différentiable par rapport à la mesure de Lebesgue normalisée. Alors
$$\lim_{r \to 1} f(re^{i\theta_0}) = \frac{d\mu}{dm}(\theta_0) = \mu'(\theta_0).$$
En fait,
$$\lim_{r \to 1} f(re^{i\theta}) = \mu'(\theta_0)$$
quand $z = re^{i\theta}$ approche $e^{i\theta_0}$ le long de tout chemin dans le disque en n'étant pas tangent au cercle unité.

Nous allons maintenant énoncer le célèbre théorème de Szegö, mais avant cela nous introduisons l'espace $\mathbb{A} = \mathbb{A}(\mathbb{D})$ de toutes les fonctions analytiques dans $\mathbb{D}$ et continues sur $\overline{\mathbb{D}}$. $\mathbb{A}$ est un sous espace vectoriel fermé de $\mathcal{C}(\mathbb{T})$ (l'espace de toutes les

2.1. QUELQUES RÉSULTATS CLASSIQUES SUR LES FONCTIONS ANALYTIQUES

fonctions continues sur le tore $\mathbb{T}$ et à valeurs complexes). En particulier $\mathbb{A}$ est un espace de Banach muni de la norme

$$\|f\|_\infty = \sup_{|z|\leq 1} |f(z)|.$$

Chaque fonction $f \in \mathbb{A}$ est (bien sûr) l'intégrale de Poisson de sa valeur au bord :

$$f(re^{it}) = \int_{-\pi}^{\pi} f(e^{i\theta}) P_r(t-\theta) dm(\theta)$$

et on a aussi d'après le principe de maximum

$$\|f\|_\infty = \sup |f(e^{it})|.$$

Comme dans le cas des espaces de Hardy on peut aussi identifier les fonctions de $\mathbb{A}$ avec leurs valeurs au bord c'est à dire que

$$\mathbb{A} = \left\{ f \in \mathcal{C}(\mathbb{T}); \int_{-\pi}^{\pi} f(e^{i\theta}) e^{in\theta} d(\theta) = 0, \forall n \in \mathbb{N}^* \right\}.$$

Théorème 2.2 (Szegö, [22], p.49). *Soit μ une mesure borélienne, positive et finie sur le cercle unité et soit h la dérivée de μ par rapport à la mesure de Lebesgue normalisée. Alors*

$$\inf_{f\in \mathbb{A}_0} \int_{-\pi}^{\pi} |1-f|^2 d\mu = \exp\left(\int_{-\pi}^{\pi} \log h(e^{i\theta}) dm(\theta) \right).$$

$\left(Ici \ \mathbb{A}_0 = \left\{ f \in \mathbb{A}; \int_{-\pi}^{\pi} f(e^{i\theta}) d(\theta) = 0 \right\} \right).$

En appliquant le théorème de Szegö, Hoffman a pu donner une condition nécessaire et suffisante pour qu'une fonction strictement positive et Lebesgue-intégrable soit de logarithme Lebesgue-intégrable.

Théorème 2.3 (Hoffman, [22], p.53). *Soit h une fonction positive et intégrable par rapport à la mesure de Lebesgue alors $\log h$ est intégrable par rapport à la mesure de Lebesgue si et seulement si $h = |f|^2$ pour une certaine fonction $f \in \mathbb{H}^2$ non identiquement nulle.*

Le théorème qui va suivre est une conséquence de théorème de Hoffman et c'est un résultat dû à C. Badea et G. Cassier. Ce résultat sera utilisé dans le chapitre 1 et jouera un rôle clef dans la preuve du théorème 3.6.

Lemme 2.4 ([1], lemme 3.2). *Soit u une fonction intérieure et h une fonction positive sur le sous-espace $\overline{u}\,\mathbb{H}_0^1$ de $L^1(\mathbb{T})$. Alors il existe une fonction f dans $\mathbb{H}^2 \ominus u\,\mathbb{H}^2$ telle que $h = |f|^2$.*

On renvoie à [1] pour une preuve de ce lemme.

2.2 Définition et propriétés du shift tronqué

Dans ce paragraphe on désignera par S le shift unilatéral agissant sur l'espace de Hardy $\mathbb{H}^2$ et par S^* son adjoint :

$$S : \mathbb{H}^2 \to \mathbb{H}^2$$
$$f \mapsto zf(z)$$

$$S^* : \mathbb{H}^2 \to \mathbb{H}^2$$
$$f \mapsto \frac{f(z) - f(0)}{z} \cdot$$

Définition 2.5. *Une fonction u dans $\mathbb{H}^\infty$ est dite intérieure si*

$$|u^*(e^{it})| = 1$$

presque partout e^{it} sur le tore $\mathbb{T}$.

Théorème 2.6 (Beurling, [41]).
 (a) Pour toute fonction intérieure ϕ l'espace

$$\phi\mathbb{H}^2 = \left\{\phi f; f \in \mathbb{H}^2\right\}$$

 est un sous espace fermé de $\mathbb{H}^2$ et invariant par S.
 (b) Si ϕ_1 et ϕ_2 sont des fonctions intérieures et si $\phi_1\mathbb{H}^2 = \phi_1\mathbb{H}^2$ alors $\phi_1 = \phi_2$ modulo une constante de module égal à 1.
 (c) Tout sous espace fermé Y de $\mathbb{H}^2$ autre que 0 et S-invariant contient une fonction intérieure ϕ telle que $Y = \phi\mathbb{H}^2$.

D'après le théorème de Beurling, on déduit donc que les sous espaces invariants respectivement par S et S^* sont respectivement les $\phi\mathbb{H}^2$ et les $\mathbb{H}^2 \ominus \phi\mathbb{H}^2$ où ϕ est une fonction intérieure. Dans la suite de cette thèse on désignera par $H(\phi)$ le sous espace modèle $\mathbb{H}^2 \ominus \phi\mathbb{H}^2$.

Définition 2.7. *On appelle compression de S sur le sous espace modèle $H(\phi)$ l'application définie par*

$$S(\phi)f(z) = P(zf(z)),$$

où P est la projection orthogonale de $\mathbb{H}^2$ sur $H(\phi)$. On notera par $S^*(\phi)$ l'adjoint de $S(\phi)$ et on a donc :

$$S^*(\phi) = S(\phi)^* = S^*_{|H(\phi)} = S^*_{|Ker(\phi(S)^*)} \cdot$$

L'opérateur modèle $S(\phi)$ possède beaucoup de propriétés et il a été intensivement étudié dans les années 60 et 70. Par exemple il a une norme égale à 1 quand la dimension de $H(\phi)$ est supérieure à 1. Il est cyclique. La fonction ϕ est la fonction minimale (unique à une constante de module 1 près) de $S(\phi)$ c'est à dire que $\phi(S(\phi)) = 0$ et ϕ divise toute fonction ψ dans $\mathbb{H}^\infty$ vérifiant $\psi(S(\phi)) = 0$. L'espace $H(\phi)$ est de dimension finie uniquement quand ϕ est un produit de Blaschke fini :

$$\phi(z) = \prod_{j=1}^{n} \frac{z - \alpha_j}{1 - \overline{\alpha_j} z}.$$

Dans ce cas $p(z) = \prod_{j=1}^n (z - \alpha_j)$ est à la fois le polynôme caractéristique et minimal de $S(\phi)$ et $(\alpha_j)_{1 \leq j \leq n}$ sont ses valeurs propres. En particulier si $\phi(z) = z^n$ alors $S(\phi)$ est unitairement équivalent à l'opérateur shift S_n ($n \in \mathbb{N}^*$) agissant sur $\mathbb{C}^n$ et défini sur la base canonique $(e_1, \ldots, e_n)$ de $\mathbb{C}^n$ par

$$\forall i = 1, \ldots n-1, \ S_n(e_i) = e_{i+1} \quad \text{et} \quad S_n(e_n) = 0$$

$$S_n = \begin{pmatrix} 0 & & & \\ 1 & \ddots & & \\ & \ddots & \ddots & \\ & & 1 & 0 \end{pmatrix}.$$

2.3 La classe d'opérateurs de Wu et Gau et propriétés géométriques de leurs images numériques

Définition 2.8. *Soit $T \in \mathcal{B}(\mathcal{H})$ une contraction. On dit que T est une contraction complètement non unitaire (c.n.u) si T ne peut pas être décomposée en somme directe orthogonale d'un opérateur unitaire et d'une autre contraction. En dimension finie cela est équivalent au fait que T n'admet aucune valeur propre de module égal à 1.*

Ce paragraphe est essentiellement basé sur les travaux de H.-L. Gau et P. Y. Wu [16]. Il s'agit d'une classe d'opérateurs qui a été introduite en 1998 et que nous noterons par Υ_n. Elle est formée par toutes les contractions complètement non unitaires T sur un espace vectoriel $\mathcal{H}$ de dimension fini n avec $\text{rg}(I - T^*T) = 1$. Un exemple d'opérateur appartenant à Υ_n est S_n dont l'image numérique est le disque fermé D_n de centre 0 et de rayon $\cos \dfrac{\pi}{n+1}$.

L'une des propriétés que vérifie cette classe d'opérateurs est la propriété de Poncelet sur laquelle on reviendra plus tard dans ce paragraphe. En 1822, Jean-Victor

Poncelet a publié son livre intitulé "*Traité sur les propriétés projectives des figures*" dans lequel apparait son célèbre théorème connu sous le nom "le théorème de fermeture de Poncelet" :

Si C et D sont deux ellipses dans le plan et si il existe un n-gone régulier ($n \geq 3$) inscrit dans D et circonscrit à C, alors pour tout point λ dans D il existe un unique tel n-gone dont λ est l'un de ses sommets

Il est facile de voir que si on remplace respectivement les ellipses D et C par les cercles $\mathbb{T}$ et ∂D_n, alors pour tout point λ dans $\mathbb{T}$ il existe un unique $(n+1)$-gone inscrit dans $\mathbb{T}$, et circonscrit à ∂D_n et admettant λ comme l'une de ses sommets. Plus généralement Wu et Gau ont montré que cette propriété reste vraie, pas uniquement pour $\partial(W(S_n))$, mais pour tout opérateur dans Υ_n. Ceci se traduit par le théorème ci-dessous.

Théorème 2.9 ([16], théorème 2.1). *Soit $T \in \Upsilon_n$, alors pour tout $\lambda \in \mathbb{T}$, il existe un $n+1$-gone P_{n+1} vérifiant les propriétés suivantes :*

1. *P_{n+1} est inscrit dans $\mathbb{T}$.*
2. *P_{n+1} est circonscrit à $\partial W(T)$ et chacun de ses côtés est tangent à $\partial W(T)$ en exactement un seul point.*
3. *λ est l'un des sommets de P_{n+1}.*

De plus, pour chacun de ces $(n+1)$-gones correspond une $n+1$-dilatation unitaire (une dilatation unitaire sur un espace vectoriel de dimension $n+1$) dont les valeurs propres sont exactement les $n+1$ sommets de ce $(n+1)$-gone.

Parmis les conséquences de ce théorème on cite les corollaires suivants :

Corollaire 2.10 ([16], corollaire 2.7). *Si T est un opérateur dans Υ_n, alors $\mathcal{R}e(T)$ et $\mathcal{I}m(T)$ ont des valeurs propres simples.*

Corollaire 2.11 ([16], corollaire 2.6). *Si T est un opérateur dans Υ_n, alors $w_2(T) > \cos \dfrac{\pi}{n}$.*

Corollaire 2.12 ([16], corollaire 2.8). *Soit T une contraction sur un espace vectoriel de dimension finie vérifiant $rg(I - T^*T) \leq 1$, alors*

$$W(T) = \bigcap \{W(U) : U \text{ est une dilatation unitaire de } T\}.$$

Corollaire 2.13 ([15], corollaire 5.2). *Si T est un opérateur dans Υ_n, alors le bord de $W(T)$ ne contient aucun morceau de segment.*

2.4 Sur les angles entre les sous-espaces modèles

Ce paragraphe est consacré à l'étude de l'angle qui se trouve entre deux sous espace modèles
$$H(\varphi_i) = \mathbb{H}^2 \ominus \varphi_i \mathbb{H}^2,$$
avec φ_i une fonction intérieure pour $i = 1, 2$. Cette théorie a été élaborée par N. Nikolski et V. Vasyunin (nous renvoyons l'auteur à [38] page 234). Nous allons commencer par introduire quelques notions.

Définition 2.14. *Soient L et M deux sous-espaces vectoriels fermés d'un espace de Hilbert $\mathcal{H}$, avec $L \cap M = \{0\}$. On définit sur $L + M$ l'opérateur $\mathcal{P}_{L//M}$ par*
$$\mathcal{P}_{L//M} : l + m \mapsto l, \quad l \in L, \quad m \in M.$$
Ici, $\mathcal{P}_{L//M}$ désigne la projection sur L parallèlement à M. Alors l'angle $< L, M >$ entre L et M est défini par
$$< L, M > \in \left[0, \frac{\pi}{2}\right], \quad \cos < L, M > = \sup_{x \in L, y \in M, \|x\| = \|y\| = 1} |< x, y >|.$$
D'après cette définition, on peut facilement établir que
$$\cos < L, M > = \sup_{x \in L, \|x\| = 1} \|P_M x\| = \|P_M P_L\|$$
et
$$\sin < L, M > = \inf_{x \in L, \|x\| = 1} \|(I - P_M)x\| = \frac{1}{\|\mathcal{P}_{L//M}\|}.$$
Où P_M et P_L désignent respectivement les projections orthogonales sur M et L.

Définition 2.15. *Soit φ une fonction intérieure. Posons $\mu_\varphi = \mu_s + \mu_B$, avec μ_s la mesure singulière associée à la partie singulière de φ et μ_B la mesure définie par*
$$d\mu_B(\xi) = \frac{1}{2} \sum_{\lambda \in \varphi^{-1}(0)} k_\varphi(\xi)(1 - |\xi|^2) d\delta_\lambda(\xi)$$
où $k_\varphi(\xi)$ désigne la multiplicité de ξ comme étant un zero de φ. (Bien sûr $k_\varphi(\xi) = 0$ si ξ n'est pas un zéro de φ). On dit que μ_φ est la mesure représentative de φ.

Théorème 2.16 ([38]). *Soit $H(\varphi_i)$ pour $i = 1, 2$ deux espaces modèles $\mu_i, i = 1, 2$ les mesures représentatives associées. Alors*
$$\sin \langle H(\varphi_1), H(\varphi_2) \rangle \geq \exp\left\{ 4 \int_{\overline{\mathbb{D}}} \int_{\overline{\mathbb{D}}} \frac{\log \left| \frac{\zeta - \xi}{1 - \overline{\zeta}\xi} \right|}{(1 - |\zeta|^2)(1 - |\xi|^2)} d\mu_1(\zeta) d\mu_2(\xi) \right\}$$
$$= F(\varphi_1, \varphi_2).$$

Discutons un peu sur certaines propriétés de F. Par définition de $F(\varphi_1, \varphi_2)$, on voit immédiatement que F est symétrique, c'est à dire que

$$F(\varphi_1, \varphi_2) = F(\varphi_2, \varphi_1).$$

Elle est aussi multiplicative dans le sens que

$$F(\varphi_1, \varphi_2\varphi_3) = F(\varphi_1, \varphi_2) F(\varphi_1, \varphi_3).$$

La dernière assertion provient de la propriété des mesures représentatives

$$\mu^{\varphi_1\varphi_2} = \mu^{\varphi_1} + \mu^{\varphi_1}.$$

Dans le cas particulier où $\varphi_1 = B_1$ et $\varphi_2 = B_2$, avec B_1 et B_2 deux produits de Blaschke, alors

$$\begin{aligned}
F(B_1, B_2) &= \exp\left\{ \sum_{\zeta \in \mathbb{D}, \xi \in \mathbb{D}} k_1(\zeta) k_2(\xi) \log\left|\frac{\zeta - \xi}{1 - \overline{\zeta}\xi}\right| \right\} \\
&= \prod_{\zeta \in \mathbb{D}, \xi \in \mathbb{D}} \left|\frac{\zeta - \xi}{1 - \overline{\zeta}\xi}\right|^{k_1(\zeta) k_2(\xi)} \\
&= \prod_{\xi \in \mathbb{D}} |B_1(\xi)|^{k_2(\xi)} \\
&= \prod_{\zeta \in \mathbb{D}} |B_2(\zeta)|^{k_1(\zeta)}.
\end{aligned}$$

Supposons maintenant que $\varphi_1 = S_1$ est une fonction singulière, alors pour $|\zeta| = 1$, la fonction à l'intérieur de l'intégrale dans le théorème précédent est équivalente à $-\frac{1}{2}|\zeta - \xi|^{-2}$. Ceci est dû au faite que lorsque $|\zeta| \to 1$,

$$\begin{aligned}
\frac{\log\left|\frac{\zeta-\xi}{1-\overline{\zeta}\xi}\right|}{(1-|\zeta|^2)(1-|\xi|^2)} &= \frac{1}{2} \frac{\log\left[1 - \frac{(1-|\zeta|^2)(1-|\xi|^2)}{|1-\overline{\zeta}\xi|^2}\right]}{(1-|\zeta|^2)(1-|\xi|^2)} \\
&\simeq -\frac{1}{2}\frac{1}{|1-\overline{\zeta}\xi|^2} \\
&= -\frac{1}{2}|\zeta - \xi|^{-2}.
\end{aligned}$$

Ainsi

$$F(S_1, \varphi_2) = \exp\left\{ -2 \int_{\mathbb{T}} \int_{\overline{\mathbb{D}}} \frac{d\mu_1(\zeta) d\mu_2(\xi)}{|\zeta - \xi|^2} \right\}.$$

2.5. OPÉRATEURS DE RANG 1 ET PRODUIT TENSORIEL

Dans le cas où $\varphi_2 = B_2$, on a

$$\begin{aligned}F(S_1, B_2) &= \exp\left\{-\sum_{\xi\in\mathbb{D}} k_2(\xi)(1-|\xi|^2)\int_{\mathbb{T}} \frac{d\mu_1(\zeta)}{|\zeta-\xi|^2}\right\} \\ &= \prod_{\xi\in\mathbb{D}} |S_1(\xi)|^{k_2(\xi)}.\end{aligned}$$

Où la dernière égalité est due au faite que

$$\begin{aligned}|S_1(\xi)| &= \exp\left\{-\mathcal{R}e\ \int_{\mathbb{T}} \frac{\zeta+\xi}{\zeta-\xi} d\mu_1(\zeta)\right\} \\ &= \exp\left\{-(1-|\xi|^2)\int_{\mathbb{T}} \frac{d\mu_1(\zeta)}{|\zeta-\xi|^2}\right\}.\end{aligned}$$

En conséquence pour une fonction intérieure arbitraire φ_1, nous avons

$$\begin{aligned}F(\varphi_1, B_2) &= F(B_1, B_2)F(S_1, B_2) \\ &= \prod_{\xi\in\mathbb{D}} |B_1(\xi)|^{k_2(\xi)} \prod_{\xi\in\mathbb{D}} |S_1(\xi)|^{k_2(\xi)} \\ &= \prod_{\xi\in\mathbb{D}} |\varphi_1(\xi)|^{k_2(\xi)}.\end{aligned}$$

2.5 Opérateurs de rang 1 et produit tensoriel

Soient a et b deux vecteurs non nuls dans $\mathcal{H}$. Considérons l'opérateur $a\otimes b$ appelé produit tensoriel et défini par

$$(a\otimes b)f = <f,b>a, \quad \text{pour tout} \quad f \in \mathcal{H}$$

Évidemment l'image de $a\otimes b$ est le sous espace vectoriel $\mathbb{C}a$ de dimension 1, donc $a\otimes b$ est un opérateur de rang 1. On peut aussi voir réciproquement que tout opérateur T de rang 1 s'écrit nécessairement sous la forme

$$T = a\otimes b$$

pour certains vecteurs a et b dans $\mathcal{H}$. En effet, si $Im(T)$ est de dimension 1, il existe un vecteur $a \in \mathcal{H}$ tel que $Im(T) = \mathbb{C}a$ et donc pour tout $x \in \mathcal{H}$ il existe un scalaire $\lambda_x \in \mathbb{C}$ tel que

$$Tx = \lambda_x a.$$

Il est clair que l'application $\mathcal{H} \ni x \mapsto \lambda_x \in \mathbb{C}$ définit une forme linéaire continue sur $\mathcal{H}$, donc d'après le théorème de représentation de Riesz, il existe un vecteur $b \in \mathcal{H}$ tel que

$$\lambda_x = <x,b>.$$

Ainsi
$$Tx = \lambda_x a = <x,b> a = (a \otimes b)x.$$
La proposition suivante donne quelques propriétés élémentaires de ces opérateurs. La preuve est laissée au lecteur.

Proposition 2.17. *Soient a, b, c et d des vecteurs non nuls dans $\mathcal{H}$ et T un opérateur dans $\mathcal{B}(\mathcal{H})$. Alors*

1. $(a \otimes b) \circ (c \otimes d) = <c,b> (a \otimes d)$.
2. $T \circ (a \otimes b) = (Ta) \otimes b$.
3. $(a \otimes b) \circ T = (a \otimes T^*b)$.
4. $(a \otimes b)^* = (b \otimes a)$.
5. $Ker(a \otimes b) = (\mathbb{C}b)^\perp$.
6. $Im(a \otimes b) = \mathbb{C}a$.

Chapitre 3

Sur le rayon numérique du shift tronqué

3.1 Notations

Commençons par donner certaines notations et définitions utiles par la suite. On désignera par $\mathcal{H}$ un espace de Hilbert complexe et séparable et par $\mathcal{B}(\mathcal{H})$ l'algèbre de Banach des opérateurs bornés sur $\mathcal{H}$. L'image numérique d'un opérateur T dans $\mathcal{B}(\mathcal{H})$ est l'ensemble défini par

$$W(T) = \{<Tx, x> \in \mathbb{C}; x \in \mathcal{H}, \|x\|= 1\}$$

où $<.,.>$ désigne le produit scalaire dans $\mathcal{H}$. Le rayon numérique de T est défini par

$$\omega_2(T) = \sup\{|z|; z \in W(T)\}.$$

L'opérateur auto-adjoint $\mathcal{R}e(T)$ est défini par

$$\mathcal{R}e(T) = \frac{1}{2}(T + T^*).$$

Observons que la norme $\|.\|_2$ de $\mathbb{H}^2$ est associée au produit scalaire

$$<f, g> = \int_{-\pi}^{\pi} f(e^{it})\overline{g(e^{it})}dm(t).$$

Comme l'indique le titre, nous allons étudier dans ce chapitre la notion de rayon numérique du shift tronqué. Nous allons nous intéresser en première partie aux propriétés géométriques de l'image numérique du shift tronqué. Les propriétés exposées ici serviront à mettre en valeur les travaux originaux qui suivront. La deuxième partie sera consacrée à l'élaboration d'une estimation du rayon numérique. L'intérêt de l'étude du rayon numérique de cette famille a été mis en évidence dans un premier temps par U. Haagerup et P. de la Harpe [19]. En effet, ils ont établi une estimation du rayon numérique d'une contraction nilpotente faisant intervenir uniquement le rayon numérique de S_n. Cette inégalité semble n'avoir aucun rapport avec l'inégalité de von Neumann classique et pourtant C. Badea et G. Cassier [1] ont démontré une inégalité de von Neumann avec contrainte illustrant un rapport entre le rayon numérique du shift tronqué et les coefficients de Taylor des polynômes trigonométriques positives sur le tore $\mathbb{T}$ (l'ensemble des nombres complexes de module 1).

3.2 Inégalités de von Neumann sous contraintes

Soit T une contraction dans $\mathcal{B}(\mathcal{H})$, d'après une célèbre inégalité due à von Neumann [37], on sait que pour tout polynôme $p \in \mathbb{C}[X]$:

$$\|p(T)\| \leq \|p\|_\infty.$$

Ici $\|p\|_\infty = \sup\{|p(z)| : z \in \mathbb{C}, |z| \leq 1\}$ et $\|p(T)\| = \|p(T)\|_{\mathcal{B}(\mathcal{H})}$. La même inégalité reste vraie pour les fonctions dans l'algèbre du disque $\mathbb{A}$ et si T est en plus une contraction complètement non unitaire (c.n.u) alors le dernier résultat reste aussi vrai pour toute fonction analytique bornée $f \in \mathbb{H}^\infty$ [34]. Ptak et Young ont aussi montré :

Théorème 3.1 ([40]). *Soient p et q deux polynômes analytiques arbitraires et $T \in \mathcal{B}(\mathcal{H})$ tel que $\|T\| \leq 1$ et $r(T) < 1$. Si de plus on a $q(T) = 0$ alors*

$$\|p(T)\| \leq \|p(S^* | Ker\ q(S^*))\|.$$

Une généralisation de ce théorème a été fournie par Sz.-Nagy :

Théorème 3.2 ([35]). *Soient f et g deux fonctions analytiques bornées dans $\mathbb{H}^\infty$ et soit T une contraction c.n.u dans $\mathcal{B}(\mathcal{H})$ telle que $g(T) = 0$. Alors*

$$\|f(T)\| \leq \|f(S^* | Ker\ g(S^*))\|.$$

En 1992, U. Haagerup et P. de la Harpe ont obtenu le résultat suivant :

Théorème 3.3 ([19]). *Soit T un opérateur sur $\mathcal{H}$ tel que $T^n = 0$ pour un certain $n \geq 2$. Alors on a :*

$$\omega_2(T) \leqslant \|T\|\omega_2(S_n) = \|T\|\cos\frac{\pi}{n+1}.$$

De plus $\omega_2(T) = \|T\|\cos\frac{\pi}{n+1}$ uniquement lorsque T est unitairement équivalent à $\|T\|S_n$.

3.2. INÉGALITÉS DE VON NEUMANN SOUS CONTRAINTES

C. Badea et G. Cassier ont obtenu des inégalités de von Neumann sous contraintes qui permettent de voir le résultat précédent comme un corollaire de ce type d'inégalités. Voici une version simplifiée d'une inégalité que l'on trouve dans leur article [1]. D'ailleurs, nous utiliserons cette version ultérieurement.

Théorème 3.4 ([1]). *Soit $T \in \mathcal{B}(\mathcal{H})$ une contraction de classe C_0 avec $u(T) = 0$, u une fonction intérieure et soit $f \in \mathbb{A}(\mathbb{D})$. Alors,*

$$w_\rho(f(T)) \leq w_\rho(f(S(u))).$$

Le résultat de U. Haagerup and P. de la Harpe correspond au cas où $u(z) = z^n$ et $\rho = 2$. Un célèbre résultat dû à Fejér nous dit que pour tout polynôme trigonométrique positif $\sum_{j=-n+1}^{n-1} e^{ijt}$, on a

$$|c_1| \leq c_0 \cos \frac{\pi}{n+1}.$$

Apparemment on ne voit pas de relation entre les coefficients d'un tel polynôme et le rayon numérique du shift tronqué. C. Badea et G. Cassier ont ensuite fait le lien entre l'opérateur extrémal qui intervient dans les inégalités de von Neumann sous contraintes et les coefficients de Taylor d'une fraction rationnelle positive sur le tore :

Théorème 3.5. *([1]) Soit $F = P/Q$ une fonction rationnelle sans partie principale ($d^\circ P < d^\circ Q$) positive sur le tore. Alors le coefficient de Taylor c_k d'ordre k satisfait l'inégalité suivante*

$$|c_k| \leq c_0 \, \omega_2(R^k),$$

où $R = S^*|\text{Ker } Q(S^*)$.

Ce théorème illustre donc qu'il y a un rapport entre les coefficients des polynômes trigonométriques positifs et le rayon numérique d'un shift tronqué. On va généraliser ce théorème et dans cette extension, on n'imposera aucune condition supplémentaire sur P et Q et on n'exigera aucune restriction sur les degrés.

Théorème 3.6. *Soit $F = P/Q$ une fonction rationnelle positive sur le tore, où P et Q sont premiers entre eux. Désignons par*

$$\phi(z) = \prod_{j=1}^{p} \left(\frac{z - \alpha_j}{1 - \overline{\alpha_j} z} \right)^{m_j}$$

et

$$\psi(z) = \prod_{j=1}^{q} \left(\frac{z - \beta_j}{1 - \overline{\beta_j} z} \right)^{d_j}$$

les produits de Blaschke formés respectivement par les zéros non nuls de P et Q dans $\mathbb{D}$. Soit $m = \sum_{j=1}^{p} m_j$ et $d = \sum_{j=1}^{q} d_j$. Alors le coefficient de Taylor c_k d'ordre k de F vérifie l'inégalité suivante :

$$|c_k| \leqslant c_0\ \omega_2(S^{*k}(\varphi)),$$

où $\varphi(z) = z^{\max(0, m-d+1)} \psi(z)$.

Démonstration. Tout d'abord, remarquons que par continuité on peut supposer que F est strictement positive sur le tore. Soit $F = P/Q$ et supposons que $F(z) > 0$ pour tout z dans le tore. Maintenant, soit

$$G(z) = \overline{F\left(\frac{1}{\bar{z}}\right)}.$$

On peut supposer que G est analytique sur tout $\mathbb{C}$ à l'exception d'un nombre fini de points. Comme F est réelle sur le tore alors $G(e^{it}) = \overline{F(e^{it})} = F(e^{it})$ pour tout $t \in \mathbb{R}$ et donc d'après le principe du prolongement analytique on a :

$$F(z) = \frac{P(z)}{Q(z)} = G(z) = \frac{\overline{P\left(\frac{1}{\bar{z}}\right)}}{\overline{Q\left(\frac{1}{\bar{z}}\right)}}.$$

Ainsi

$$P(z)\overline{Q\left(\frac{1}{\bar{z}}\right)} = \overline{P\left(\frac{1}{\bar{z}}\right)} Q(z) \qquad (3.1)$$

dans $\mathbb{C}^*$. Comme P et Q sont premiers entre eux, on voit que si $P(\alpha) = 0$, avec $\alpha \neq 0$, alors forcément $\overline{P\left(\frac{1}{\bar{\alpha}}\right)} = 0$. En utilisant la formule de Leibniz pour la dérivation n-ième d'un produit, la formule de Faà di Bruno pour la dérivée n-ième de fonctions composées, on peut montrer que α et $\frac{1}{\bar{\alpha}}$ ont la même multiplicité. Donnons la preuve dans le cas où α est de multiplicité 2. En dérivant l'expression (3.1) ci-dessus on trouve que :

$$P'(z)\overline{Q\left(\frac{1}{\bar{z}}\right)} - \frac{1}{z^2} P(z) \overline{Q'\left(\frac{1}{\bar{z}}\right)} = -\frac{1}{z^2} \overline{P'\left(\frac{1}{\bar{z}}\right)} Q(z) + \overline{P\left(\frac{1}{\bar{z}}\right)} Q'(z).$$

Si $P(\alpha) = P'(\alpha) = 0$, la dernière équation implique que

$$\overline{P'\left(\frac{1}{\bar{\alpha}}\right)} Q(\alpha) = 0. \qquad (3.2)$$

De plus comme P et Q sont premiers entre eux, l'égalité (3.2) entraine que $P'\left(\frac{1}{\bar{\alpha}}\right) = 0$. On a donc montré que la multiplicité de α est inférieure ou égale à celle de $\frac{1}{\bar{\alpha}}$. Mais en remplaçant α par $\frac{1}{\bar{\alpha}}$ on voit immédiatement que l'on a égalité de multiplicité.

Par suite le polynôme P peut s'écrire sous la forme

$$P(z) = c_1 \, z^{m_0} \, (z-\alpha_1)^{m_1} \ldots (z-\alpha_p)^{m_p} \, (1-\overline{\alpha_1}z)^{m_1} \ldots (1-\overline{\alpha_p}z)^{m_p}$$

avec une certaine constante c_1. Avec le même type d'arguments, on prouve que Q s'écrit aussi sous la forme

$$Q(z) = c_2 \, z^{d_0} \, (z-\beta_1)^{d_1} \ldots (z-\beta_q)^{d_q} \, \left(1-\overline{\beta_1}z\right)^{d_1} \ldots \left(1-\overline{\beta_q}z\right)^{d_q}$$

avec une constante c_2. Comme P et Q sont premiers entre eux, on a nécessairement $m_0 = 0$ ou $d_0 = 0$. Donc

$$F\left(e^{it}\right) = |F\left(e^{it}\right)| = c \, |\frac{P_1\left(e^{it}\right)}{Q_1\left(e^{it}\right)}|^2$$

où $P_1(z) = \prod_{j=1}^p (z-\alpha_j)^{m_j}$ et $Q_1(z) = \prod_{j=1}^q (z-\beta_j)^{d_j}$. Cela entraîne que

$$F\left(e^{it}\right) = c \, \frac{\prod_{j=1}^p \left(e^{it}-\alpha_j\right)^{m_j} \left(e^{-it}-\overline{\alpha_j}\right)^{m_j}}{\prod_{j=1}^q \left(e^{it}-\beta_j\right)^{d_j} \left(e^{-it}-\overline{\beta_j}\right)^{d_j}}$$

avec c une certaine constante. Soit $m = m_1 + \cdots + m_p$, $d = d_1 + \cdots + d_q$ et $\varphi(z) = z^r \psi(z)$ où $r = \max(0, m-d+1)$. Maintenant,

$$\begin{aligned}
&\varphi\left(e^{it}\right) F\left(e^{it}\right) \\
&= c \, e^{irt} \psi\left(e^{it}\right) \frac{\prod_{j=1}^p \left(e^{it}-\alpha_j\right)^{m_j} \left(e^{-it}-\overline{\alpha_j}\right)^{m_j}}{\prod_{j=1}^q \left(e^{it}-\beta_j\right)^{d_j} \left(e^{-it}-\overline{\beta_j}\right)^{d_j}} \\
&= c \, e^{irt} \prod_{j=1}^q \left(\frac{e^{it}-\beta_j}{1-\overline{\beta_j}e^{it}}\right)^{d_j} \frac{\prod_{j=1}^p \left(e^{it}-\alpha_j\right)^{m_j} \left(1-\overline{\alpha_j}e^{it}\right)^{m_j} e^{-imt}}{\prod_{j=1}^q \left(e^{it}-\beta_j\right)^{d_j} \left(1-\overline{\beta_j}e^{it}\right)^{d_j} e^{-idt}} \\
&= c \, e^{i(d-m)t} e^{irt} \frac{\prod_{j=1}^p \left(e^{it}-\alpha_j\right)^{m_j} \left(1-\overline{\alpha_j}e^{it}\right)^{m_j}}{\prod_{j=1}^q \left(1-\overline{\beta_j}e^{it}\right)^{2d_j}} \\
&= c \, e^{it\max(d-m,1)} \frac{\prod_{j=1}^p \left(e^{it}-\alpha_j\right)^{m_j} \left(1-\overline{\alpha_j}e^{it}\right)^{m_j}}{\prod_{j=1}^q \left(1-\overline{\beta_j}e^{it}\right)^{2d_j}}.
\end{aligned}$$

Ce qui prouve que $\varphi F \in \mathbb{H}_0^1$. Une application du lemme 2.4 montre que $F = |f|^2$ pour une certaine fonction $f \in H(\varphi)$. Alors pour tout entier k, on a

$$\begin{aligned}
|c_k| = |<F, e^{ikt}>| &= |<f\overline{f}, e^{ikt}>| \\
&= |<fe^{-ikt}, f>| \\
&= |<(S^*(\varphi))^k f, f>| \\
&= |<S^{*k}(\varphi)f, f>|.
\end{aligned}$$

Ainsi
$$|c_k| \leq \|f\|_2^2\, \omega_2(S^{*k}(\varphi)) = \|F\|_1\, \omega_2(S^{*k}(\varphi)) = c_0\, \omega_2(S^{*k}(\varphi)).$$
D'où le résultat. □

Ce théorème a beaucoup d'applications et il peut notamment nous expliquer comment on peut retrouver facilement la célèbre inégalité de Egerváry et Szász.

Corollaire 3.7 (Egerváry et Szász [10]). *Soit* $F(e^{it}) = \sum_{j=-n+1}^{n-1} c_j e^{ijt}$ *un polynôme trigonométrique positive* $(n \geq 2)$. *Alors*

$$|c_k| \leqslant c_0 \cos\left(\frac{\pi}{\left\lceil\frac{n-1}{k}\right\rceil + 2}\right) \quad for \quad 1 \leqslant k \leqslant n-1.$$

Démonstration. On a :
$$\begin{aligned}
F(e^{it}) &= c_{-n+1} e^{i(-n+1)t} + \cdots + c_0 + \cdots + c_{n-1} e^{i(n-1)t} \\
&= e^{(-n+1)it}\left(c_{-n+1} + \cdots + c_0 e^{i(n-1)t} + \cdots + c_{n-1} e^{2i(n-1)t}\right) \\
&= \frac{P(e^{it})}{Q(e^{it})}
\end{aligned}$$

où $P(e^{it}) = c_{-n+1} + \cdots + c_0 e^{i(n-1)t} + \cdots + c_{n-1} e^{2i(n-1)t}$ et $Q(e^{it}) = e^{i(n-1)t}$. Dans ce cas il est facile de voir que $m = n-1$, $d = 0$ et $\varphi(z) = z^n$. Alors le théorème 3.6 implique
$$|c_k| \leq c_0\, \omega_2(S_n^{*k}).$$

Mais il est important de remarquer que S_n^{*k} est unitairement équivalent à la somme directe de shifts tronqués sur des espaces 2 à 2 orthogonaux dont la plus grande dimension vaut $s(k,n) + 1$ où $s(k,n) = \left\lceil\frac{n-1}{k}\right\rceil$ (voir théorème 4.20). Ainsi $\omega_2(S_n^{*k}) = \omega_2(S_{s(k,n)+1}^*) = \cos\frac{\pi}{s(k,n)+2}$. Finalement, cela entraine que

$$\begin{aligned}
|c_k| &\leqslant c_0 \cos\frac{\pi}{s(k,n)+2} \\
&= c_0 \cos\left(\frac{\pi}{\left\lceil\frac{n-1}{k}\right\rceil + 2}\right).
\end{aligned}$$

□

Remarque 3.8. *Une application du théorème 3.6 dans le cas* $k = 1$ *nous donne l'inégalité de Fejér (1915).*

Le théorème 3.6 nous permet d'estimer les coefficients de Taylor des fractions rationnelles positives et d'établir un rapport avec le rayon numérique du shift tronqué. Il est donc important d'estimer le rayon numérique d'un shift tronqué ce qui explique ma motivation pour la suite de ce chapitre et qui est repris dans [11] et [13]. Tout d'abord, on va s'intéresser au cas particulier où la fonction intérieure dans $S^*(\phi)$ est un produit de Blaschke fini avec un unique zéro.

3.3 Sur le rayon numérique du shift tronqué

3.3.1 Propriétés

Dans cette section nous allons nous focaliser sur le cas particulier où
$$\phi(z) = \left(\frac{z-\alpha}{1-\overline{\alpha}z}\right)^n.$$
Mais avant cela, on commencera par établir quelques propriétés dans le cas général où ϕ est un poduit de Blaschke fini :
$$\phi(z) = \prod_{j=1}^{n} \frac{z-\alpha_j}{1-\overline{\alpha_j}z}.$$
Pour tout λ dans le disque unité $\mathbb{D}$, on désignera par :
$$k_\lambda = \frac{1}{1-\overline{\lambda}z}$$
le noyau reproduisant de $\mathbb{H}^2$ vérifiant $f(\lambda) = <f, k_\lambda>$ pour tout f dans $\mathbb{H}^2$ et par $\mathcal{F} = \{f_1, \ldots, f_n\}$ la famille de fonctions de $H(\phi)$ définie comme suit :
$$f_1(z) = \left(1-|\alpha_1|^2\right)^{\frac{1}{2}} \frac{1}{1-\overline{\alpha_1}z}$$
et
$$f_k(z) = \left(1-|\alpha_k|^2\right)^{\frac{1}{2}} \frac{1}{1-\overline{\alpha_k}z} \prod_{j=1}^{k-1} \frac{z-\alpha_j}{1-\overline{\alpha_j}z}$$
pour tout $k = 2, \ldots, n$. Cette famille forme une base orthonormée classique de $H(\phi)$.

Proposition 3.9. *La matrice de $S^*(\phi)$ dans la base $\mathcal{F}$ est donnée par $[a_{lk}]_{1 \leq l,k \leq n}$, où*
$$a_{lk} = \begin{cases} \overline{\alpha_l} & \text{si } l = k \\ \sigma_l \sigma_{l+1} & \text{si } k = l+1 \\ \sigma_l \sigma_k \prod_{j=l+1}^{k-1}(-\alpha_j) & \text{si } k > l+1 \\ 0 & \text{sinon} \end{cases}$$
avec $\sigma_k = (1-|\alpha_k|^2)^{\frac{1}{2}}$, pour tout $1 \leq k \leq n$.

Démonstration. Pour $k > l+1$, nous avons :

$$\begin{aligned}
<S^*(\phi)f_k, f_l> &= \sigma_k\sigma_l \int_0^{2\pi} \frac{1}{1-\overline{\alpha_k}e^{i\theta}} \frac{e^{-i\theta}}{1-\alpha_l e^{-i\theta}} \prod_{j=l}^{k-1} \frac{e^{i\theta}-\alpha_j}{1-\overline{\alpha_j}e^{i\theta}} \frac{d\theta}{2\pi} \\
&= \sigma_k\sigma_l \int_0^{2\pi} \frac{1}{1-\overline{\alpha_k}e^{i\theta}} \frac{e^{-i\theta}}{1-\alpha_l e^{-i\theta}} \frac{e^{i\theta}-\alpha_l}{1-\overline{\alpha_l}e^{i\theta}} \prod_{j=l+1}^{k-1} \frac{e^{i\theta}-\alpha_j}{1-\overline{\alpha_j}e^{i\theta}} \frac{d\theta}{2\pi} \\
&= \sigma_k\sigma_l \int_0^{2\pi} \frac{1}{1-\overline{\alpha_k}e^{i\theta}} \frac{1}{1-\overline{\alpha_l}e^{i\theta}} \prod_{j=l+1}^{k-1} \frac{e^{i\theta}-\alpha_j}{1-\overline{\alpha_j}e^{i\theta}} \frac{d\theta}{2\pi} \\
&= \sigma_k\sigma_l \prod_{j=l+1}^{k-1}(-\alpha_j).
\end{aligned}$$

De la même manière, on prouve aisément que

$$<S^*(\phi)f_{k+1}, f_k> = \sigma_k\sigma_{k+1}$$

et que

$$<S^*(f_k), f_l> = 0 \quad \text{si} \quad k < l.$$

Finalement, on trouve

$$\begin{aligned}
<S^*(\phi)f_k, f_k> &= \sigma_k^2 \int_0^{2\pi} \frac{1}{1-\overline{\alpha_k}e^{i\theta}} \frac{e^{-i\theta}}{1-\alpha_k e^{-i\theta}} \frac{d\theta}{2\pi} \\
&= \sigma_k^2 <k_{\alpha_k}, \frac{z}{1-\overline{\alpha_k}z}> \\
&= \overline{\alpha_k}.
\end{aligned}$$

$\square$

Dans le reste de ce paragraphe, ϕ_α désignera le produit de Blaschke fini avec un zéro unique $\alpha \in \mathbb{D}$

$$\phi_\alpha(z) = \left(\frac{z-\alpha}{1-\overline{\alpha}z}\right)^n.$$

D'après la proposition précédente, $S^*(\phi_\alpha)$ possède donc cette représentation matricielle :

$$\begin{pmatrix}
\overline{\alpha} & \sigma & -\sigma\alpha & \cdots & \cdots & \sigma(-\alpha)^{n-2} \\
0 & \overline{\alpha} & \sigma & \ddots & & \vdots \\
\vdots & \ddots & \ddots & \ddots & \ddots & \vdots \\
\vdots & & \ddots & \ddots & \ddots & -\sigma\alpha \\
\vdots & & & \ddots & \overline{\alpha} & \sigma \\
0 & \cdots & \cdots & \cdots & 0 & \overline{\alpha}
\end{pmatrix}$$

avec $\sigma = 1 - |\alpha|^2$.

Théorème 3.10. *Soit* $\phi_\alpha(z) = \left(\dfrac{z-\alpha}{1-\overline{\alpha}z}\right)^n$ *avec* $\alpha \in \mathbb{C}$ *et* $|\alpha| < 1$.

1. *On a*
$$S^*(\phi_\alpha) = (I_n + \alpha S_n^*)^{-1}(S_n^* + \overline{\alpha}I_n).$$

2. *Le rayon numérique de* $S^*(\phi_\alpha)$ *est indépendant de l'argument de* α *et plus précisément*
$$W(S^*(\phi_\alpha)) = e^{-i\ arg(\alpha)} W(S^*(\phi_{|\alpha|})).$$

3. *Pour* $0 \leq \alpha < 1$, *l'image numérique de* $S^*(\phi_\alpha)$ *est symétrique par rapport à l'axe réel et on a*
$$\omega_2(S^*(\phi_\alpha)) = \sup_{(u_0,\ldots,u_n)\in\mathbb{C}^n;\sum_{l=0}^{n-1}|u_l|^2=1} \left|\int_{-\pi}^{\pi} \frac{e^{it}-\alpha}{1-\alpha e^{it}} \left|\sum_{l=0}^{n-1} u_l e^{ilt}\right|^2 dm(t)\right|.$$

Démonstration. Pour la preuve de la première assertion remarquons que la représentation matricielle de $S^*(\phi_\alpha)$ implique que

$$\begin{aligned} S^*(\phi_\alpha) &= \overline{\alpha}I_n + \sigma\sum_{k=1}^{n-1}(-\alpha)^{k-1}S_n^{*k} \\ &= \overline{\alpha}I_n + \sigma\sum_{k=1}^{\infty}(-\alpha)^{k-1}S_n^{*k} \\ &= \overline{\alpha}I_n - \frac{\sigma}{\alpha}\sum_{k=1}^{\infty}(-\alpha)^{k}S_n^{*k} \\ &= \overline{\alpha}I_n - \frac{\sigma}{\alpha}\Big((I_n+\alpha S_n^*)^{-1} - I_n\Big) \\ &= (\overline{\alpha}+\frac{\sigma}{\alpha})I_n - \frac{\sigma}{\alpha}(I_n+\alpha S_n^*)^{-1} \\ &= (I_n+\alpha S_n^*)^{-1}\Big((\overline{\alpha}+\frac{\sigma}{\alpha})(I_n+\alpha S_n^*) - \frac{\sigma}{\alpha}I_n\Big) \\ &= (I_n+\alpha S_n^*)^{-1}(S_n^* + \overline{\alpha}I_n). \end{aligned}$$

Pour la deuxième assertion, le cas $\alpha = 0$ est trivial. Si $\alpha \neq 0$, posons $s = \arg(\alpha)$ et remarquons que pour tout vecteur unitaire $u = (u_0, \ldots, u_{n-1})$ de $\mathbb{C}^n$ on a

$$\begin{aligned}
< S^*(\phi_\alpha)u, u > &= \overline{\alpha} + \frac{1-|\alpha|^2}{-\alpha} \sum_{0 \leq m < l \leq n-1} (-\alpha)^{l-m} u_l \overline{u_m} \\
&= e^{-is}\left(|\alpha| + \frac{1-|\alpha|^2}{-|\alpha|} \sum_{0 \leq m < l \leq n-1} (-\alpha)^{l-m} u_l \overline{u_m}\right) \\
&= e^{-is}\left(|\alpha| + \frac{1-|\alpha|^2}{-|\alpha|} \sum_{0 \leq m < l \leq n-1} \left(-|\alpha|e^{is}\right)^{l-m} u_l \overline{u_m}\right) \\
&= e^{-is}\left(|\alpha| + \frac{1-|\alpha|^2}{-|\alpha|} \sum_{0 \leq m < l \leq n-1} (-|\alpha|)^{l-m} v_l \overline{v_m}\right) \\
&= e^{-is} < S^*(\phi_{|\alpha|})v, v >,
\end{aligned}$$

avec $v = (v_0, \ldots, v_{n-1})$ et $v_l = (e^{is})^l u_l$ pour tout $0 \leq l \leq n-1$. Cela montre que le rayon numérique est indépendant de l'argument de α. Dans la suite on pourra supposer que $0 < \alpha < 1$. On considère un vecteur unitaire $u = (u_0, \ldots, u_{n-1})$ appartenant à $\mathbb{C}^n$ et on observe que

$$\begin{aligned}
z &= < S^*(\phi_\alpha)u, u > \\
&= \alpha + \frac{1-\alpha^2}{-\alpha} \sum_{0 \leq m < l \leq n-1} (-\alpha)^{l-m} u_l \overline{u_m}
\end{aligned} \quad (3.3)$$

équivaut à

$$\begin{aligned}
\overline{z} &= \alpha + \frac{1-\alpha^2}{-\alpha} \sum_{0 \leq m < l \leq n-1} (-\alpha)^{l-m} u_m \overline{u_l} \\
&= < S^*(\phi_\alpha)\overline{u}, \overline{u} >.
\end{aligned}$$

Cela prouve donc que l'image numérique de $S^*(\phi_\alpha)$ est symétrique par rapport à l'axe réel. Maintenant, en utilisant l'égalité (3.3), il vient

$$\begin{aligned}
\omega_2(S^*(\phi_\alpha)) &= \sup_{\|u\|_2=1} |< S^*(\phi_\alpha)u, u >| \\
&= \sup_{\|u\|_2=1} \left| -\alpha + \frac{1-\alpha^2}{\alpha} \sum_{0 \leq m < l \leq n-1} \alpha^{l-m} u_l \overline{u_m} \right| \\
&= \omega_2(S^*(\phi_{-\alpha}))
\end{aligned}$$

où

$$S^*_{-\alpha} = \begin{pmatrix} -\alpha & 1-\alpha^2 & \alpha(1-\alpha^2) & \cdots & \cdots & \alpha^{n-2}(1-\alpha^2) \\ 0 & -\alpha & 1-\alpha^2 & \ddots & & \vdots \\ \vdots & \ddots & \ddots & \ddots & \ddots & \vdots \\ \vdots & & \ddots & \ddots & \ddots & \alpha(1-\alpha^2) \\ \vdots & & & \ddots & -\alpha & 1-\alpha^2 \\ 0 & \cdots & \cdots & \cdots & 0 & -\alpha \end{pmatrix}.$$

Pour finir la preuve de l'assertion (3) de cette proposition, il suffit de remarquer que $S^*(\phi_\alpha)$ est la matrice de Toeplitz d'ordre n associée à la forme de Toeplitz

$$f(t) = -\alpha + (1-\alpha^2) \sum_{k \geq 1} \alpha^{k-1} e^{ikt} = \frac{\alpha - e^{it}}{1 - \alpha e^{it}}.$$

$\square$

3.3.2 Construction géométrique du rayon numérique

Soit $T \in \mathcal{B}(\mathcal{H})$, d'après le théorème classique de Toeplitz-Hausdorff ([21], [24] page 27), on sait que $W(T)$ est convexe. Une façon de paramétrer $\partial W(T)$ est basée sur le fait que, pour toute matrice hermitienne A, le maximum de la forme quadratique $<Ax, x>$ sur la sphère unité est exactement la plus grande valeur propre de T.

Soit $(x(\theta), y(\theta))$ un point d'un arc régulier de $\partial W(T)$ paramétré par l'angle θ avec $0 \leq \theta \leq 2\pi$ entre la tangente L_θ au point $(x(\theta), y(\theta))$ et l'axe imaginaire positif pris dans le sens trigonométrique (voir figures 3.1 et 3.2).

L'équation de $\partial W(T)$ est définie par la plus grande valeur propre $\lambda = \lambda(\theta)$ de la matrice Hermitienne $\mathcal{R}e(e^{-i\theta}T)$:

$$P(\lambda, \cos\theta, \sin\theta) = \det(\mathcal{R}e(e^{-i\theta}T - \lambda))$$

et on a (voir [32] et [26])

$$x = x(\theta) = \lambda(\theta)\cos\theta - \lambda'(\theta)\sin\theta$$

et

$$y = y(\theta) = \lambda(\theta)\sin\theta + \lambda'(\theta)\cos\theta.$$

Remarquons aussi que $\lambda(\theta)$ est aussi la distance algébrique entre L_θ et l'origine. Le réel $\lambda(\theta)$ est positif si la ligne L_θ ne sépare pas l'origine par rapport à $\partial W(T)$ et négatif sinon. La dérivée $\lambda'(\theta)$ est définie pour ce qu'on appelle "les arcs réguliers" de $\partial W(T)$. Un arc est dit régulier s'il ne contient pas de morceaux de segments ni de point anguleux.

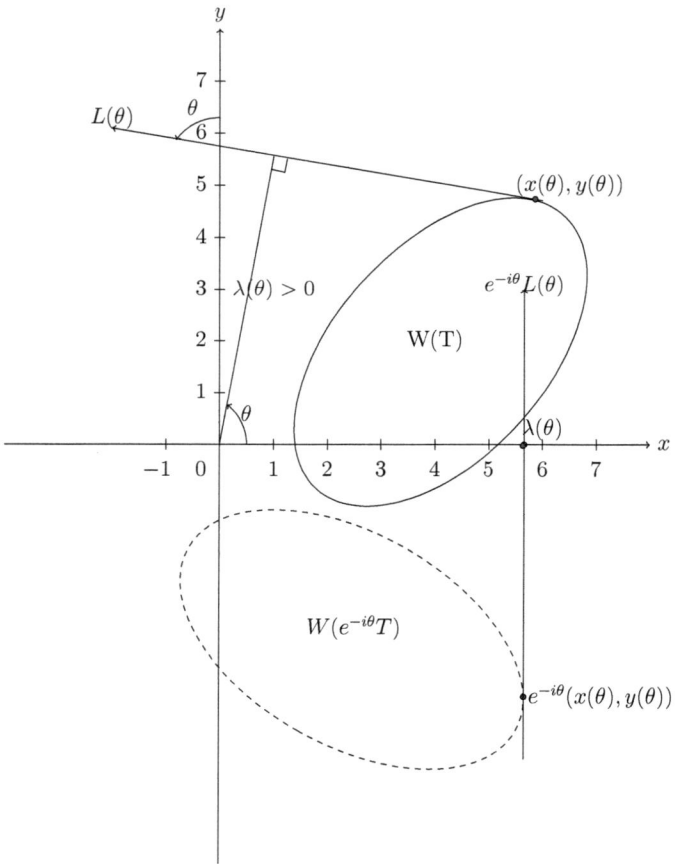

FIGURE 3.1 – Cas $\lambda(\theta) > 0$

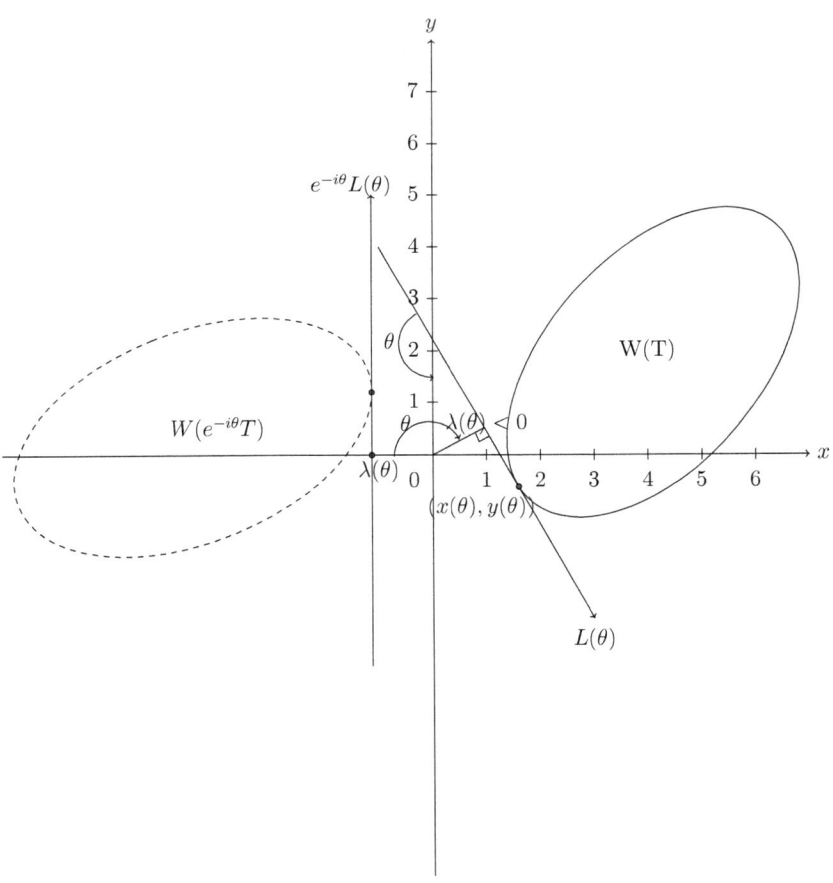

FIGURE 3.2 – Cas $\lambda(\theta) < 0$

Lemme 3.11 ([32] proposition 2). *Si J est un sous ensemble connexe de $\partial W(T)$ ne contenant aucun point anguleux et si pour tout point de J, $\lambda(\theta)$ est une valeur propre simple de $\mathcal{R}e(e^{-i\theta}T)$, alors J est un arc régulier de $\partial W(T)$.*

Lemme 3.12 ([32] proposition 3, [24] pp. 50-51). *Si le bord de l'image numérique d'une matrice T contient un point anguleux $\lambda = <Tu, u>$, alors λ est une valeur propre normale à T, ce qui équivaut à dire que*

$$Tu = \lambda u \quad et \quad T^*\lambda = \overline{\lambda} u.$$

Lemme 3.13 ([32] lemme 1). *Soit U une $n+1$ matrice unitaire sur un espace vectoriel $\mathcal{H}_{n+1}$ de dimension $n+1$ ayant des valeurs propres distinctes. Soit $Q = I_{n+1} - w \otimes w, \|w\| = 1, n > 1$ et $T = QUQ$, alors les propositions suivantes sont équivalentes.*

1. *$w_2(T) < 1$.*
2. *Si λ est une valeur propre de T, alors $|\lambda| < 1$.*
3. *$<w, u> \neq 0$ pour tout vecteur propre u de U.*
4. *Le sous espace $\mathcal{L} = Q\mathcal{H}_{n+1}$ ne contient aucun vecteur propre de U.*
5. *T n'admet aucune valeur propre normale.*

Proposition 3.14. *Si $T \in \Upsilon_n$, alors $\partial W(T)$ est régulier.*

Démonstration. Soit T un opérateur borné sur un espace $\mathcal{H}$ de dimension n. Si $T \in \Upsilon_n$, alors il en est de même pour $\mathcal{R}e(e^{-i\theta}T)$ et par suite, d'après le corollaire 2.10, $\lambda(\theta)$ est une valeur propre simple de $\mathcal{R}e(e^{-i\theta}T)$. Soit U une $n+1$ dilatation unitaire de T sur un espace $\mathcal{H}_{n+1}$ de dimension $n+1$ contenant $\mathcal{H}$ dont $\{e_1, \ldots, e_{n+1}\}$ est une base orthonormée. Supposons que relativement à cette base, U possède la représentation matricielle suivante :

$$\begin{pmatrix} T & a \\ b & c \end{pmatrix},$$

où $a, b \in \mathbb{C}^n$ et $c \in \mathbb{C}$. On sait d'après le théorème 2.9, qu'à chaque $n+1$ dilatation unitaire correspond un $n+1$-gone dont les sommets sont exactement les valeurs propres de cette dernière. Ce qui veut dire que les valeurs propres de U sont toutes distinctes. D'autre part, on vérifie aisément que pour $Q = I_{n+1} - e_{n+1} \otimes e_{n+1}$, on a $QUQ = T$. Donc les lemmes 3.11, 3.12 et 3.13 répondent à la question. □

Proposition 3.15. *Soit $T \in \Upsilon_n$, alors*

$$w_2(T) = \sup_{\theta \in [0, 2\pi[} \lambda(\theta)$$

3.3. SUR LE RAYON NUMÉRIQUE DU SHIFT TRONQUÉ

Démonstration. On sait que pour tout $T \in \mathcal{B}(\mathcal{H})$,

$$w_2(T) = \sup_{\theta \in [0,2\pi[} \|\mathcal{R}e(e^{-i\theta}T)\|.$$

Si de plus $T \in \Upsilon_n$, $\partial W(T)$ ne contient pas de points anguleux alors

$$w_2(T) = \sup_{\theta \in [0,2\pi[} |\lambda(\theta)|.$$

Maintenant si le rayon numérique de T est atteint pour un certain $\lambda(\theta)$, alors dans ce cas L_θ ne sépare pas l'origine par rapport à $\partial W(T)$ et par suite $\lambda(\theta) > 0$. □

3.3.3 Relation entre le rayon numérique de $S^*(\phi_{-\alpha})$ et celui de sa partie réelle.

Pour tout $n \geq 2$ désignons par $D_n(\lambda, \theta)$ le polynôme caractéristique de

$$\mathcal{R}e(e^{-i\theta}S^*(\phi_{-\alpha})).$$

Lemme 3.16. *Pour tout $n \geq 1$, on a*

$$D_n(\lambda, \theta) = \frac{(1-\lambda^2)^{-\frac{1}{2}}}{2^n} \mathcal{R}e\left(\left((1-\lambda^2)^{\frac{1}{2}} + i\lambda\right)\right.$$
$$\left.\left(-2\alpha\cos\theta - (1+\alpha^2)\lambda + i(1-\alpha^2)(1-\lambda^2)^{\frac{1}{2}}\right)^n\right).$$

Démonstration. On a :

$$D_n(\lambda, \theta)$$
$$= \det(\mathcal{R}e(e^{-i\theta}S^*(\phi_{-\alpha})) - \lambda I_n)$$
$$= \begin{vmatrix} -\alpha\cos\theta - \lambda & \frac{\sigma}{2}e^{-i\theta} & \frac{\alpha\sigma}{2}e^{-i\theta} & \cdots & \frac{\alpha^{n-2}\sigma}{2}e^{-i\theta} \\ \frac{\sigma}{2}e^{i\theta} & -\alpha\cos\theta - \lambda & \frac{\sigma}{2}e^{-i\theta} & \cdots & \frac{\alpha^{n-3}\sigma}{2}e^{-i\theta} \\ \frac{\alpha\sigma}{2}e^{i\theta} & \frac{\sigma}{2}e^{i\theta} & -\alpha\cos\theta - \lambda & \cdots & \frac{\alpha^{n-4}\sigma}{2}e^{-i\theta} \\ \cdots & \cdots & \cdots & \cdots & \cdots \\ \frac{\alpha^{n-2}\sigma}{2}e^{i\theta} & \frac{\alpha^{n-3}\sigma}{2}e^{i\theta} & \frac{\alpha^{n-4}\sigma}{2}e^{i\theta} & \cdots & -\alpha\cos\theta - \lambda \end{vmatrix}.$$

En multipliant la seconde ligne de ce déterminant par α et en la soustrayant de la première ligne, on obtient

$$D_n(\lambda,\theta) = \begin{vmatrix} a(\lambda,\theta) & c(\lambda,\theta) & 0 & \cdots & 0 \\ \dfrac{\sigma}{2}e^{i\theta} & -\alpha\cos\theta-\lambda & \dfrac{\sigma}{2}e^{-i\theta} & \cdots & \dfrac{\alpha^{n-3}\sigma}{2}e^{-i\theta} \\ \dfrac{\alpha\sigma}{2}e^{i\theta} & \dfrac{\sigma}{2}e^{i\theta} & -\alpha\cos\theta-\lambda & \cdots & \dfrac{\alpha^{n-4}\sigma}{2}e^{-i\theta} \\ \cdots & \cdots & \cdots & \cdots & \cdots \\ \dfrac{\alpha^{n-2}\sigma}{2}e^{i\theta} & \dfrac{\alpha^{n-3}\sigma}{2}e^{i\theta} & \dfrac{\alpha^{n-4}\sigma}{2}e^{i\theta} & \cdots & -\alpha\cos\theta-\lambda \end{vmatrix}$$

avec $a(\lambda,\theta) = -\alpha\cos\theta - \lambda - \dfrac{\alpha\sigma}{2}e^{i\theta}$ et $c(\lambda,\theta) = \dfrac{\sigma}{2}e^{-i\theta} + \alpha^2\cos\theta + \alpha\lambda$. En répétant la même opération mais cette fois-ci avec les colonnes, on trouve que

$$D_n(\lambda,\theta) = \begin{vmatrix} b(\lambda,\theta) & c(\lambda,\theta) & 0 & \cdots & 0 \\ \overline{c(\lambda,\theta)} & -\alpha\cos\theta-\lambda & \dfrac{\sigma}{2}e^{-i\theta} & \cdots & \dfrac{\alpha^{n-3}\sigma}{2}e^{-i\theta} \\ 0 & \dfrac{\sigma}{2}e^{i\theta} & -\alpha\cos\theta-\lambda & \cdots & \dfrac{\alpha^{n-4}\sigma}{2}e^{-i\theta} \\ \cdots & \cdots & \cdots & \cdots & \cdots \\ 0 & \dfrac{\alpha^{n-3}\sigma}{2}e^{i\theta} & \dfrac{\alpha^{n-4}\sigma}{2}e^{i\theta} & \cdots & -\alpha\cos\theta-\lambda \end{vmatrix}$$

avec $b(\lambda,\theta) = -2\alpha\cos\theta - \lambda(1+\alpha^2)$. Ce qui implique

$$\begin{aligned} D_n(\lambda,\theta) &= b(\lambda,\theta)D_{n-1}(\lambda,\theta) - |c(\lambda,\theta)|^2 D_{n-2}(\lambda,\theta) \\ &= \left(-2\alpha\cos\theta - \lambda(1+\alpha^2)\right)D_{n-1}(\lambda,\theta) \\ &\quad - \left|\dfrac{\sigma}{2}e^{i\theta} + \alpha^2\cos\theta + \alpha\lambda\right|^2 D_{n-2}(\lambda,\theta), \end{aligned}$$

pour tout entier $n \geq 3$. Cette relation de récurrence reste vraie pour $n = 2$ si on pose $D_0(\lambda,\theta) = 1$ et l'équation caractéristique correspondante est

$$\rho^2 = -\left(2\alpha\cos\theta + \lambda(1+\alpha^2)\right)\rho - \left|\dfrac{\sigma}{2}e^{i\theta} + \alpha^2\cos\theta + \alpha\lambda\right|^2.$$

Elle admet pour discriminant

$$\Delta = \left(\mp i(1-\alpha^2)(1-\lambda^2)^{\frac{1}{2}}\right)^2,$$

3.3. SUR LE RAYON NUMÉRIQUE DU SHIFT TRONQUÉ

et pour solutions :

$$\rho_1 = \frac{-2\alpha\cos\theta - \lambda(1+\alpha^2) - i(1-\alpha^2)(1-\lambda^2)^{\frac{1}{2}}}{2}$$

et

$$\rho_2 = \frac{-2\alpha\cos\theta - \lambda(1+\alpha^2) + i(1-\alpha^2)(1-\lambda^2)^{\frac{1}{2}}}{2}.$$

Ainsi

$$D_n(\lambda,\theta) = A\rho_1{}^n + B\rho_2{}^n,$$

où les constantes A, B sont à déterminer à partir des "conditions initiales" :

$$D_0(\lambda,\theta) = 1 = A + B$$

et

$$D_1(\lambda,\theta) = -\alpha\cos\theta - \lambda = A\rho_1 + B\rho_2.$$

Un calcul simple montre que

$$A = \frac{(1-\lambda^2)^{\frac{1}{2}} - i\lambda}{2(1-\lambda^2)^{\frac{1}{2}}} \quad \text{et} \quad B = \frac{(1-\lambda^2)^{\frac{1}{2}} + i\lambda}{2(1-\lambda^2)^{\frac{1}{2}}}.$$

Ceci permet d'établir que

$$D_n(\lambda,\theta) = 2\mathcal{R}e\ C_n(\lambda,\theta)$$

avec

$$C_n(\lambda,\theta) = B\left(\frac{-2\alpha\cos\theta - \lambda(1+\alpha^2) + i(1-\alpha^2)(1-\lambda^2)^{\frac{1}{2}}}{2}\right)^n$$

D'où

$$D_n(\lambda,\theta) = \frac{(1-\lambda^2)^{-\frac{1}{2}}}{2^n}\mathcal{R}e\left(\left((1-\lambda^2)^{\frac{1}{2}} + i\lambda\right)\right.$$
$$\left.\left(-2\alpha\cos\theta - (1+\alpha^2)\lambda + i(1-\alpha^2)(1-\lambda^2)^{\frac{1}{2}}\right)^n\right).$$

Ce qui achève la preuve du lemme. □

Lemme 3.17. *Pour $0 \leq \alpha < 1$, on a $S^*(\phi_{-\alpha}) \in \Upsilon_n$.*

Démonstration. D'après le théorème 3.10, on sait que
$$S^*(\phi_{-\alpha}) = (I_n - \alpha S_n^*)^{-1}(S_n^* - \alpha I_n)$$

Désignons par $V = (I_n - \alpha S_n^*)^{-1}(S_n^* - \alpha I_n)$. Pour prouver ce lemme il suffit de montrer que $I_n - V^*V$ est du rang 1. Or

$$\begin{aligned}
I_n - V^*V & \\
&= (I_n - \alpha S_n)^{-1}\left[(1-\alpha^2)(I - SS^*)\right](I_n - \alpha S_n^*)^{-1} \\
&= (I_n - \alpha S_n)^{-1}\left[(1-\alpha^2)(e_0 \otimes e_0)\right](I_n - \alpha S_n^*)^{-1} \\
&= (1-\alpha^2)\left[(I_n - \alpha S_n)^{-1}e_0 \otimes (I_n - \alpha S_n)^{-1}e_0\right] \\
&= (1-\alpha^2)\ u \otimes u
\end{aligned}$$

avec $u = (1, \alpha, \alpha^2, \ldots, \alpha^{n-1})$, d'où le résultat. □

Proposition 3.18. *Pour $0 \leq \alpha < 1$, on a*
$$\omega_2(S^*(\phi_{-\alpha})) = \omega_2(\mathcal{R}e(S^*(\phi_{-\alpha}))).$$

Démonstration. Soit $d(\theta)$ la plus grande valeur propre de $\mathcal{R}e(e^{-i\theta}S^*(\phi_{-\alpha}))$. Pour tout entier naturel $n \geq 1$, considérons les applications Φ_n, Ψ_n et Ω définies comme suit :

$$\begin{aligned}
\Phi_n : \quad [0,\pi] &\longrightarrow \mathbb{R} \\
\theta &\longrightarrow D_n(d(\theta), \theta)
\end{aligned}$$

$$\begin{aligned}
\Psi_n : \quad \mathbb{R}^2 &\longrightarrow \mathbb{R} \\
(x,y) &\longrightarrow D_n(x,y)
\end{aligned}$$

et

$$\begin{aligned}
\Omega : \quad [0,\pi] &\longrightarrow \mathbb{R}^2 \\
\theta &\longrightarrow (d(\theta), \theta)
\end{aligned}.$$

Remarquons que comme $d(\theta)$ est une valeur propre de $\mathcal{R}e(e^{-i\theta}S^*(\phi_{-\alpha}))$, alors
$$\Phi_n(\theta) = \Psi_n \circ \Omega(\theta) = 0, \quad \text{pour tout } \theta \in [0,\pi].$$

Ce qui implique que pour tout $\theta \in [0,\pi]$,

$$\begin{aligned}
0 &= \Phi_n'(\theta) \hfill (3.4) \\
&= D\Psi_n(\Omega(\theta))(d'(\theta), 1) \\
&= d'(\theta)\frac{\partial \Psi_n}{\partial x}(d(\theta), \theta) + \frac{\partial \Psi_n}{\partial y}(d(\theta), \theta). \hfill (3.5)
\end{aligned}$$

Maintenant en vertu du lemme 3.17 et la proposition 3.15 on a
$$\omega_2(S^*(\phi_{-\alpha})) = \sup\{d(\theta),\ 0 \leq \theta < 2\pi\}.$$
or d'après le théorème 3.10, $W(S^*(\phi_{-\alpha}))$ est symétrique par rapport à l'axe réel donc :
$$\omega_2(S^*(\phi_{-\alpha})) = \sup\{d(\theta),\ 0 \leq \theta \leq \pi\}.$$
Supposons que $d(\theta)$ atteint son maximum en un point $\theta_0 \in]0, \pi[$ alors forcément $d'(\theta_0) = 0$, par suite l'égalité (3.5) entraine que
$$\frac{\partial \Psi_n}{\partial y}(d(\theta_0), \theta_0) = 0.$$
C'est à dire que
$$2\alpha n \sin \theta_0 \Phi_{n-1}(\theta_0) = 0. \tag{3.6}$$
Comme $\sin \theta_0 \neq 0$, la dernière équation implique que
$$D_{n-1}(d(\theta_0), \theta_0) = 0.$$
Donc $D_k(d(\theta_0), \theta_0) = 0$, pour tout $1 \leq k \leq n$. Ce qui n'est pas possible car sinon $1 = D_0(d(\theta_0), \theta_0) = 0$. Cela prouve que d est une fonction monotone et par conséquent $\omega_2(S^*(\phi_{-\alpha})) = \omega_2(\mathcal{R}e(S^*(\phi_{-\alpha})))$. □

3.4 Sur la matrice de Kac, Murdock et Szegö

Dans ce paragraphe nous allons revenir sur l'étude d'une matrice de Toeplitz un peu spéciale pour donner ensuite des résultats originaux. Il s'agit de la matrice de Toeplitz de Kac, Murdock et Szegö de symbole le noyau de Poisson :
$$P_\alpha(e^{it}) = \sum_{k=-\infty}^{\infty} \alpha^{|k|} e^{ikt} = \frac{1-\alpha^2}{|1-\alpha e^{it}|^2} = \frac{1-\alpha^2}{1-2\alpha\cos t + \alpha^2},$$
pour $0 \leq \alpha < 1$.

Cette matrice est souvent utilisée comme une matrice test et elle est définie pour $n \geq 1$ par :
$$K_n(\alpha) = \begin{pmatrix} 1 & \alpha & \alpha^2 & \cdots & \alpha^{n-1} \\ \alpha & 1 & \alpha & \cdots & \alpha^{n-2} \\ \alpha^2 & \alpha & 1 & \cdots & \alpha^{n-3} \\ \cdots & \cdots & \cdots & \cdots & \cdots \\ \alpha^{n-1} & \alpha^{n-2} & \alpha^{n-3} & \cdots & 1 \end{pmatrix} = (\alpha^{|r-s|})_{r,s=1}^n.$$

Le polynôme caractéristique de $K_n(\alpha)$ est

$$D_n(\lambda) = \begin{vmatrix} 1-\lambda & \alpha & \alpha^2 & \cdots & \alpha^{n-1} \\ \alpha & 1-\lambda & \alpha & \cdots & \alpha^{n-2} \\ \alpha^2 & \alpha & 1-\lambda & \cdots & \alpha^{n-3} \\ \cdots & \cdots & \cdots & \cdots & \cdots \\ \alpha^{n-1} & \alpha^{n-2} & \alpha^{n-3} & \cdots & 1-\lambda \end{vmatrix}.$$

En multipliant la deuxième ligne par α et en la soustrayant de la première on trouve

$$D_n(\lambda) = \begin{vmatrix} 1-\lambda-\alpha^2 & \alpha\lambda & 0 & \cdots & 0 \\ \alpha & 1-\lambda & \alpha & \cdots & \alpha^{n-2} \\ \alpha^2 & \alpha & 1-\lambda & \cdots & \alpha^{n-3} \\ \cdots & \cdots & \cdots & \cdots & \cdots \\ \alpha^{n-1} & \alpha^{n-2} & \alpha^{n-3} & \cdots & 1-\lambda \end{vmatrix}.$$

En répétant la même opération avec la première et la deuxième colonne on prouve que :

$$\begin{aligned} D_n(\lambda) &= \begin{vmatrix} 1-\lambda-\alpha^2(1+\lambda) & \alpha\lambda & 0 & \cdots & 0 \\ \alpha\lambda & 1-\lambda & \alpha & \cdots & \alpha^{n-2} \\ 0 & \alpha & 1-\lambda & \cdots & \alpha^{n-3} \\ \cdots & \cdots & \cdots & \cdots & \cdots \\ 0 & \alpha^{n-2} & \alpha^{n-3} & \cdots & 1-\lambda \end{vmatrix} \\ &= \Big(1-\lambda-\alpha^2(1+\lambda)\Big)D_{n-1}(\lambda) - \alpha^2\lambda^2 D_{n-2}(\lambda), \quad n=3,4,\cdots \end{aligned}$$

Néanmoins cette relation de récurrence reste aussi vraie pour $n = 2$ en posant $D_0(\lambda) = 1$. L'équation caractéristique correspondante à la forme récurrente du polynôme caractéristique est :

$$\rho^2 = \Big(1-\lambda-\alpha^2(1+\lambda)\Big)\rho - \alpha^2\lambda^2.$$

Pour trouver une forme simple et explicite de $D_n(\lambda)$, on va convenir que :

$$\lambda = \frac{1-\alpha^2}{1-2\alpha\cos t + \alpha^2}.$$

Avec cette convention, l'équation caractéristique se réduit à

$$\rho^2 = -2\lambda\alpha\rho\cos t - \alpha^2\lambda^2.$$

Le discriminant associé est $(2i\lambda\alpha\sin t)^2$ et donc les solutions sont $-\lambda\alpha e^{\pm it}$. Cela entraine que

$$D_n(\lambda) = -\lambda\alpha(Ae^{int} + Be^{-int})$$

avec A et B des constantes complexes. Les constantes A et B sont à déterminer à partir des conditions initiales suivantes

$$\begin{cases} D_1(\lambda) = 1 \\ D_0(\lambda) = 1 \end{cases}.$$

Ce qui nous permettra d'obtenir l'expression suivante de $D_n(\lambda)$:

$$\begin{aligned} D_n(\lambda) &= \frac{(-\lambda\alpha)^n}{1-\alpha^2} \frac{\sin(n+1)t - 2\alpha\sin nt + \alpha^2 \sin(n-1)t}{\sin t} \\ &= \frac{(-\lambda\alpha)^n}{1-\alpha^2} p_n(\cos t). \end{aligned} \qquad (3.7)$$

On vérifie aisément par récurrence que l'expression $p_n(\cos t)$ est un polynôme de degré n en $\cos t$ et qu'il a n racines réelles distinctes $\left(\cos t_k^{(n)}\right)_{1 \leqslant k \leqslant n}$ avec :

$$0 < t_1^{(n)} < t_2^{(n)} < t_3^{(n)} < \cdots < t_n^{(n)} < \pi.$$

Et donc les valeurs propres $\left(\lambda_k^{(n)} = P_\alpha(e^{it_k^{(n)}})\right)_{1 \leqslant k \leqslant n}$ de $K_n(\alpha)$ vérifient l'inégalité suivante :

$$\frac{1+\alpha}{1-\alpha} > \lambda_1^{(n)} > \lambda_2^{(n)} > \lambda_3^{(n)} > \cdots > \lambda_n^{(n)} > \frac{1-\alpha}{1+\alpha}.$$

L'évaluation des racines $\left(t_k^{(n)}\right)_{1 \leqslant k \leqslant n}$ sous une forme explicite est toujours un problème ouvert. Néanmoins il est facile de voir qu'on peut les séparer par les points $\left(x_k = \dfrac{k\pi}{n+1}\right)_{1 \leq k \leq n}$. Pour cela il suffit de remarquer que pour tout $1 \leqslant k \leqslant n$

$$p_n(\cos x_k) = (-1)^k 2\alpha(1 - \alpha \cos x_k)$$

et que

$$sgn\ p_n(\cos x_k) = (-1)^k.$$

La dernière équation reste aussi vraie pour $k=0$, ce qui entraine que

$$0 < t_1^{(n)} \leqslant x_1 < t_2^{(n)} \leqslant x_2 < \cdots < t_n^{(n)} \leqslant x_n < \pi.$$

Remarque 3.19. *Dans le cas où $\alpha = 0$ on vérifie aisément que $t_k^{(n)} = x_k$.*

Nous avons alors montré que l'on avait (cf. [11]) :

Proposition 3.20. $t_k^{(n)}$ est solution de

$$\begin{cases} \alpha \cos \dfrac{(n-1)t}{2} = \cos \dfrac{(n+1)t}{2} & si\ k\ est\ impair \\ \alpha \sin \dfrac{(n-1)t}{2} = \sin \dfrac{(n+1)t}{2} & si\ k\ est\ pair \end{cases}$$

Démonstration. Remarquons d'abord que

$$\begin{aligned} p_n(t) &= \frac{2}{\sin t}\left(\sin\frac{(n+1)t}{2} - \alpha\sin\frac{(n-1)t}{2}\right) \\ &\quad \left(\cos\frac{(n+1)t}{2} - \alpha\cos\frac{(n-1)t}{2}\right). \end{aligned} \quad (3.8)$$

Maintenant comme $\dfrac{(k-1)\pi}{n+1} \leq t_k^{(n)} \leq \dfrac{k\pi}{n+1}$ pour tout $1 \leq k \leq n$, alors

$$(k-1)\frac{\pi}{2} \leq \frac{n+1}{2} t_k^{(n)} \leq k\frac{\pi}{2}.$$

Si k est pair

Il existe $p \in \mathbb{N}^*$ tel que $k = 2p$ et donc

$$(p-\tfrac{1}{2})\pi \leq \frac{n+1}{2} t_k^{(n)} \leq p\pi$$

c'est à dire que $\cos\dfrac{(n+1)t}{2}$ et $\sin\dfrac{(n+1)t}{2}$ n'ont pas le même signe. Si $t_k^{(n)}$ est solution de $\alpha\cos\dfrac{(n-1)t}{2} = \cos\dfrac{(n+1)t}{2}$, on aura

$$\alpha\left(\cos\frac{(n+1)t_k^{(n)}}{2}\cos t_k^{(n)} + \sin\frac{(n+1)t_k^{(n)}}{2}\sin t_k^{(n)}\right) = \cos\frac{(n+1)t_k^{(n)}}{2}.$$

c'est à dire que

$$\cos\frac{(n+1)t_k^{(n)}}{2}\left(1 - \alpha\cos t_k^{(n)}\right) = \alpha\sin\frac{(n+1)t_k^{(n)}}{2}\sin t_k^{(n)}.$$

Cela n'est pas possible car $1 - \alpha\cos t_k^{(n)}$ et $\sin t_k^{(n)}$ sont tous les deux positifs.

Si k est impair

3.4. SUR LA MATRICE DE KAC, MURDOCK ET SZEGÖ

Alors $k = 2p+1$ avec $p \in \mathbb{N}$ ce qui implique que

$$p\pi \leq \frac{n+1}{2} t_k^{(n)} \leq (p + \tfrac{1}{2})\pi$$

et donc nécessairement $\cos\dfrac{(n+1)t}{2}$ et $\sin\dfrac{(n+1)t}{2}$ n'ont pas le même signe. Si $t_k^{(n)}$ est solution de $\alpha\sin\dfrac{(n-1)t}{2} = \sin\dfrac{(n+1)t}{2}$ alors on aura

$$\alpha\left(\sin\frac{(n+1)t_k^{(n)}}{2}\cos t_k^{(n)} - \cos\frac{(n+1)t_k^{(n)}}{2}\sin t_k^{(n)}\right) = \sin\frac{(n+1)t_k^{(n)}}{2}$$

d'où

$$\sin\frac{(n+1)t_k^{(n)}}{2}\left(-1 + \alpha\cos t_k^{(n)}\right) = \alpha\cos\frac{(n+1)t_k^{(n)}}{2}\sin t_k^{(n)}.$$

Comme $-1 + \alpha\cos t_k^{(n)}$ est négatif et $\sin t_k^{(n)}$ est positif alors la dernière équation est absurde, ce qui termine la preuve. $\square$

Proposition 3.21. *Pout tout entier naturel $n \geq 2$;*

$$\frac{2}{n+1}\arccos(\alpha) \leqslant t_1^{(n)} \leqslant \arccos(\alpha) . \tag{3.9}$$

Démonstration. On sait que $t_1^{(n)}$ est une solution de l'équation :

$$\cos\frac{(n+1)t}{2} = \alpha\cos\frac{(n-1)t}{2}. \tag{3.10}$$

Supposons que $t_1^{(n)} < \dfrac{2}{n+1}\arccos(\alpha)$, alors cela implique que $\dfrac{(n+1)t_1^{(n)}}{2} < \arccos(\alpha)$ et par suite

$$\cos\frac{(n+1)t_1^{(n)}}{2} > \alpha \geq \alpha\cos\frac{(n-1)t_1^{(n)}}{2}$$

ce qui n'est pas possible, donc l'inégalité $t_1^{(n)} \geq \dfrac{2}{n+1}\arccos(\alpha)$ est juste. D'après l'égalité (3.10), on a

$$\cos t_1^{(n)}\cos\frac{(n-1)t_1^{(n)}}{2} - \sin t_1^{(n)}\sin\frac{(n-1)t_1^{(n)}}{2} = \alpha\cos\frac{(n-1)t_1^{(n)}}{2}$$

d'où

$$\left(\cos t_1^{(n)} - \alpha\right)\cos\frac{(n-1)t_1^{(n)}}{2} = \sin t_1^{(n)}\sin\frac{(n-1)t_1^{(n)}}{2}.$$

Or on sait que $0 < t_1^{(n)} \leqslant \frac{\pi}{n+1}$ et donc

$$0 < \frac{(n-1)t_1^{(n)}}{2} < \frac{(n+1)t_1^{(n)}}{2} \leqslant \frac{\pi}{2}.$$

Ce qui entraine que $\sin \frac{(n-1)t_1^{(n)}}{2}$, $\cos \frac{(n-1)t_1^{(n)}}{2}$ et $\sin t_1^{(n)}$ sont tous positifs. Ainsi $\cos t_1^{(n)} - \alpha$ est aussi positif, ce qui achève la preuve. □

Remarque 3.22. *Soit $0 \leqslant \alpha < 1$ fixé. Comme $P_\alpha(e^{it})$ est positif et décroissant sur l'intervalle $[0, \pi]$, il devient facile d'après la proposition précédente d'obtenir une estimation optimale de la plus grande valeur propre de $K_n(\alpha)$:*

$$1 \leqslant \lambda_1^{(n)} \leqslant \frac{1 - \alpha^2}{1 - 2\alpha \cos\left(\frac{2}{n+1}\arccos(\alpha)\right) + \alpha^2}.$$

Notons que $\lambda_1^{(n)}$ est aussi le rayon numérique de $K_n(\alpha)$. Cela est dû au fait que le rayon numérique d'une matrice symétrique, dont le spectre est positif, coïncide avec sa plus grande valeur propre.

3.5 Applications

Proposition 3.23. *Soit n un entier naturel tel que $n \geq 2$ et α un nombre réel tel que $0 \leqslant \alpha < 1$, soit*

$$J_n(\alpha) = \begin{pmatrix} 0 & \alpha & \cdots & \alpha^{n-1} \\ \vdots & \ddots & \ddots & \vdots \\ \vdots & & \ddots & \alpha \\ 0 & \cdots & \cdots & 0 \end{pmatrix};$$

alors nous avons

$$\omega_2(J_n(\alpha)) = \omega_2(\mathcal{R}e(J_n(\alpha))) = \frac{\alpha(\cos t_1^{(n)} - \alpha)}{1 - 2\alpha \cos t_1^{(n)} + \alpha^2}.$$

Démonstration. On a

$$\mathcal{R}e(J_n(\alpha)) = \frac{1}{2}\begin{pmatrix} 0 & \alpha & \cdots & \alpha^{n-1} \\ \alpha & \ddots & \ddots & \vdots \\ \vdots & \ddots & \ddots & \alpha \\ \alpha^{n-1} & \cdots & \alpha & 0 \end{pmatrix}.$$

3.5. APPLICATIONS

Remarquons que $\mathcal{R}e(J_n(\alpha))$ est la matrice de Toeplitz associée à la forme de Toeplitz :
$$\frac{1}{2}(P_\alpha(e^{it}) - 1) = \frac{\alpha(\cos t - \alpha)}{1 - 2\alpha\cos t + \alpha^2} = g(t).$$
Donc

$$\begin{aligned}
\omega_2(\mathcal{R}e(J_n(\alpha))) &= \sup_{u=(u_0,\cdots,u_{n-1})\in\mathbb{C}^n, \|u\|=1} |<\mathcal{R}e(J_n(\alpha))u, u>| \\
&= \sup_{\sum_{l=0}^{n-1}|u_l|^2=1} \left| \int_{-\pi}^{\pi} \frac{1}{2}(P_\alpha(e^{it}) - 1) \left| \sum_{l=0}^{n-1} u_l e^{ilt} \right|^2 dm \right| \\
&= \frac{1}{2} \sup_{\sum_{l=0}^{n-1}|u_l|^2=1} \left| \int_{-\pi}^{\pi} \sum_{k\in\mathbb{Z}^*} \alpha^{|k|} e^{ikt} \sum_{0\leq m,l\leq n-1} u_l \overline{u_m} e^{i(l-m)t} dm(t) \right| \\
&= \frac{1}{2} \sup_{\sum_{l=0}^{n-1}|u_l|^2=1} \left| \sum_{0\leq m\neq l\leq n-1} \alpha^{|l-m|} u_l \overline{u_m} \right| \\
&= \frac{1}{2} \sup_{\sum_{l=0}^{n-1}|u_l|^2=1} \sum_{0\leq m\neq l\leq n-1} \alpha^{|l-m|} |u_l||u_m| \\
&= \frac{1}{2} \sup_{\sum_{l=0}^{n-1}|u_l|^2=1} 2 \sum_{0\leq m<l\leq n-1} \alpha^{|l-m|} |u_l||u_m| \\
&= \sup_{\sum_{l=0}^{n-1}|u_l|^2=1} \left| \sum_{0\leq m<l\leq n-1} \alpha^{l-m} u_l \overline{u_m} \right| = \omega_2(J_n(\alpha)).
\end{aligned}$$

Avant de compléter la preuve de la proposition remarquons que si a et b sont des nombres réels arbitraires et $f(x)$ une forme de Toeplitz ayant $(\gamma_k^n)_{1\leq k\leq n}$ comme valeurs propres, alors celles de $a + bf(x)$ sont forcément les $(a + b\gamma_k^n)_{1\leq k\leq n}$. Cela prouve que les valeurs propres de $\mathcal{R}e(J_n(\alpha))$ sont données par

$$\lambda_k^{'(n)} = \frac{1}{2}(\lambda_k^{(n)} - 1) = \frac{\alpha(\cos t_k^{(n)} - \alpha)}{1 - 2\alpha\cos t_k^{(n)} + \alpha^2}, \ 1 \leq k \leq n.$$

Soit λ' la plus grande valeur propre de $\mathcal{R}e(J_n(\alpha))$, alors

$$\begin{aligned}
\lambda' &\leq \max\left\{|\lambda_k^{'(n)}|; 1 \leq k \leq n\right\} \\
&= \omega_2(\mathcal{R}e(J_n(\alpha))) \\
&= \sup_{u=(u_0,\cdots,u_{n-1})\in\mathbb{R}_+^n, \|u\|=1} |<\mathcal{R}e(J_n(\alpha))u, u>| \\
&\leq \sup_{u=(u_0,\cdots,u_{n-1})\in\mathbb{C}^n, \|u\|=1} |<\mathcal{R}e(J_n(\alpha))u, u>| \\
&= \lambda'.
\end{aligned}$$

Ce qui implique que le rayon numérique de $\mathcal{R}e(J_n(\alpha))$ coïncide avec sa plus grande valeur propre. Maintenant en remarquant que $g(t)$ est décroissante, on trouve de façon évidente que $\omega_2(\mathcal{R}e(J_n(\alpha))) = \lambda_1'^{(n)}$, d'où le résultat. □

Corollaire 3.24. *Pour* $0 \leqslant \alpha < 1$, *on a*
$$\omega_2(J_2(\alpha)) = \frac{\alpha}{2}.$$

Démonstration. Ce résultat est connu, mais il est intéressant de remarquer qu'on peut l'obtenir simplement grâce à la proposition. En effet, on a
$$p_2(\cos t) = \frac{\sin(3t) - 2\alpha \sin(2t) + \alpha^2 \sin t}{\sin t} = 4\cos^2 t - 4\alpha \cos t + \alpha^2 - 1$$
d'où $\cos t_1^{(2)} = \dfrac{\alpha + 1}{2}$ et $\lambda_1'^{(2)} = \dfrac{\alpha}{2} = \omega_2(J_2(\alpha))$. □

Mais le théorème nous permet d'aller plus loin. En effet, on a par exemple le résultat suivant :

Corollaire 3.25. *Pour* $0 \leqslant \alpha < 1$, *on a*
$$\omega_2(J_3(\alpha)) = \frac{\alpha(\sqrt{\alpha^2 + 8} - 3\alpha)}{4 + 2\alpha^2 - 2\alpha\sqrt{\alpha^2 + 8}}.$$

Démonstration. Nous avons :
$$p_3(\cos t) = \frac{2}{\sin t}\Big(\sin(2t) - \alpha \sin t\Big)\Big(\cos(2t) - \alpha \cos t\Big).$$

Ce qui implique que $\cos t_1^{(3)} = \dfrac{\alpha + \sqrt{\alpha^2 + 8}}{4}$ et par suite
$$\lambda_1'^{(3)} = \frac{\alpha(\cos t_1^{(3)} - \alpha)}{1 - 2\alpha \cos t_1^{(3)} + \alpha^2} = \frac{\alpha(\sqrt{\alpha^2 + 8} - 3\alpha)}{4 + 2\alpha^2 - 2\alpha\sqrt{\alpha^2 + 8}} = \omega_2(J_3(\alpha)).$$
□

3.6 Une expression explicite du rayon numérique de $S(\phi)$ dans le cas où ϕ est un produit de Blaschke fini avec un unique zéro

Dans la proposition suivante nous donnons la formule du rayon numérique de $\mathcal{R}e(S^*(\phi))$ dans le cas où ϕ est un produit fini de Blaschke avec un unique zéro $0 \leq \alpha < 1$.

3.6. UNE EXPRESSION EXPLICITE DU RAYON NUMÉRIQUE DE $S(\phi)$ DANS LE CAS OÙ ϕ EST UN PRODUIT DE BLASCHKE FINI AVEC UN UNIQUE ZÉRO

Proposition 3.26. *Pour $0 \leqslant \alpha < 1$, on a*
$$\omega_2(\mathcal{R}e(S^*(\phi))) = \frac{-(1+\alpha^2)\cos t_n^{(n)} + 2\alpha}{1 - 2\alpha \cos t_n^{(n)} + \alpha^2}.$$

Démonstration. D'abord, remarquons que dans le cas $\alpha = 0$, alors
$$\mathcal{R}e(S^*(\phi)) = \frac{1}{2}\begin{pmatrix} 0 & 1 & 0 & 0 & \cdots \\ 1 & 0 & 1 & 0 & \cdots \\ 0 & 1 & 0 & 1 & \cdots \\ 0 & 0 & 1 & 0 & \cdots \\ \cdots & \cdots & \cdots & \cdots & \cdots \end{pmatrix}.$$

Dans ce cas les valeurs propres sont les points $\cos\dfrac{k\pi}{n+1}$, pour $k = 1, \ldots, n$. Pour la preuve, nous renvoyons le lecteur à [17] page 67 ou [3] page 35. On voit donc que
$$\omega_2(\mathcal{R}e(S^*(\phi))) = \cos\frac{\pi}{n+1}.$$

Ainsi, on peut limiter notre étude au cas $\alpha \neq 0$. Remarquons maintenant que
$$\mathcal{R}e(S^*(\phi)) = \frac{1-\alpha^2}{2\alpha}\begin{pmatrix} -\dfrac{2\alpha^2}{1-\alpha^2} & \alpha & \cdots & \alpha^{n-1} \\ \alpha & \ddots & \ddots & \vdots \\ \vdots & \ddots & \ddots & \alpha \\ \alpha^{n-1} & \cdots & \alpha & -\dfrac{2\alpha^2}{1-\alpha^2} \end{pmatrix}.$$

Ici, $\mathcal{R}e(S^*(\phi))$ est une matrice de Toeplitz associée à la forme de Toeplitz :
$$\frac{1-\alpha^2}{2\alpha}(P_\alpha(e^{it}) - \frac{1+\alpha^2}{1-\alpha^2}) = \frac{(1+\alpha^2)\cos t - 2\alpha}{1 - 2\alpha\cos t + \alpha^2} = h(t).$$

Soit $v = (v_0, v_1, \cdots v_{n-1})$ un vecteur unitaire dans $\mathbb{C}^n$ tel que
$$\lambda = <\mathcal{R}e(S^*(\phi))v, v> \quad \text{et} \quad \omega_2(\mathcal{R}e(S^*(\phi))) = |\lambda|.$$

Alors
$$\begin{aligned}<\mathcal{R}e(S^*(\phi))v, v> &= \int_{-\pi}^{\pi} \frac{1-\alpha^2}{2\alpha}(P_\alpha(e^{it}) - \frac{1+\alpha^2}{1-\alpha^2})|\sum_{l=0}^{n-1} v_l e^{ilt}|^2 \frac{dt}{2\pi} \\ &= \int_{-\pi}^{\pi} \frac{1-\alpha^2}{2\alpha}(P_\alpha(e^{it}) - \frac{1+\alpha^2}{1-\alpha^2})|\sum_{l=0}^{n-1} \overline{v_l} e^{ilt}|^2 \frac{dt}{2\pi} \\ &= <\mathcal{R}e(S^*(\phi))\overline{v}, \overline{v}>,\end{aligned}$$

3.6. UNE EXPRESSION EXPLICITE DU RAYON NUMÉRIQUE DE $S(\phi)$ DANS LE CAS OÙ ϕ EST UN PRODUIT DE BLASCHKE FINI AVEC UN UNIQUE ZÉRO

avec $\overline{v} = (\overline{v_0}, \overline{v_1}, \cdots \overline{v_{n-1}})$. Maintenant comme λ est une valeur propre simple de $\mathcal{R}e(S^*(\phi))$, il existe un réel γ tel que $v = e^{i\gamma}\overline{v}$. Ainsi quitte à remplacer v par $e^{-i\frac{\gamma}{2}}v$, on peut toujours supposer que $v = \overline{v}$. Le rayon numérique de $\mathcal{R}e(S^*(\phi))$ est donc atteint pour un vecteur unitaire à coefficients réels. Maintenant soit $v = (v_0, v_1, \cdots v_{n-1})$ un vecteur unitaire dans $\mathbb{R}^n$. Alors

$$
\begin{aligned}
<\mathcal{R}e(S^*(\phi))v, v> &= \frac{1-\alpha^2}{2\alpha}\left(\sum_{l,m=0}^{n-1} \alpha^{|l-m|} v_l v_m - \frac{1+\alpha^2}{1-\alpha^2}\right) \\
&= \frac{1-\alpha^2}{2\alpha}\Bigg\{ \sum_{0\leq l,m\leq n-1,\ l-m\ \text{pair}} \alpha^{|l-m|} v_l v_m - \frac{1+\alpha^2}{1-\alpha^2} \\
&\quad + \sum_{0\leq l,m\leq n-1,\ l-m\ \text{impair}} \alpha^{|l-m|} v_l v_m \Bigg\}
\end{aligned}
$$

D'autre part, nous avons

$$
0 \leq \sum_{0\leq l,m\leq n-1,\ l-m\ \text{pair}} \alpha^{|l-m|} v_l v_m = \int_{-\pi}^{\pi} P_{\alpha^2}(e^{2it}) \left|\sum_{l=0}^{n-1} v_l e^{ilt}\right|^2 dm(t) \leq \frac{1+\alpha^2}{1-\alpha^2}.
$$

Cela entraine que

$$
\begin{aligned}
|<\mathcal{R}e(S^*(\phi))v, v>| &\leq \frac{1-\alpha^2}{2\alpha}\Bigg\{\frac{1+\alpha^2}{1-\alpha^2} - \sum_{0\leq l,m\leq n-1,\ l-m\ \text{pair}} \alpha^{|l-m|} v_l v_m \\
&\quad + \sum_{0\leq l,m\leq n-1,\ l-m\ \text{impair}} \alpha^{|l-m|} |v_l||v_m|\Bigg\}.
\end{aligned}
$$

Considérons le vecteur unitaire $\widetilde{v}$ défini par

$$
\widetilde{v} = (\widetilde{v_0}, \widetilde{v_1}, \widetilde{v_2}, \cdots, \widetilde{v_{n-1}}) = (|v_0|, -|v_1|, |v_2|, \cdots, (-1)^{n-1}|v_{n-1}|).
$$

Alors

$$
\begin{aligned}
<\mathcal{R}e(S^*(\phi))\widetilde{v}, \widetilde{v}> &= \frac{1-\alpha^2}{2\alpha}\Bigg\{ \sum_{0\leq l,m\leq n-1,\ l-m\ \text{pair}} \alpha^{|l-m|} |v_l||v_m| - \frac{1+\alpha^2}{1-\alpha^2} \\
&\quad - \sum_{0\leq l,m\leq n-1,\ l-m\ \text{impair}} \alpha^{|l-m|} |v_l||v_m|\Bigg\} \leq 0.
\end{aligned}
$$

3.6. UNE EXPRESSION EXPLICITE DU RAYON NUMÉRIQUE DE $S(\phi)$ DANS LE CAS OÙ ϕ EST UN PRODUIT DE BLASCHKE FINI AVEC UN UNIQUE ZÉRO

D'où

$$\begin{aligned}
|<\mathcal{R}e(S^*(\phi))\tilde{v},\tilde{v}>| &= \frac{1-\alpha^2}{2\alpha}\Big\{\frac{1+\alpha^2}{1-\alpha^2} - \sum_{0\leq l,m\leq n-1,\ l-m\ \text{pair}} \alpha^{|l-m|}|v_l||v_m| \\
&\quad + \sum_{0\leq l,m\leq n-1,\ l-m\ \text{impair}} \alpha^{|l-m|}|v_l||v_m|\Big\} \\
&= \frac{1-\alpha^2}{2\alpha}\Big\{\frac{1+\alpha^2}{1-\alpha^2} - \sum_{0\leq l,m\leq n-1,\ l-m\ \text{pair}} \alpha^{|l-m|}\widetilde{v_l}\widetilde{v_m} \\
&\quad + \sum_{0\leq l,m\leq n-1,\ l-m\ \text{impair}} \alpha^{|l-m|}|\widetilde{v_l}||\widetilde{v_m}|\Big\}.
\end{aligned}$$

Cela implique que le rayon numérique de $\mathcal{R}e(S^*(\phi))$ est atteint en $\tilde{v}$ sur le demi axe réel négatif. Donc

$$\omega_2(\mathcal{R}e(S^*(\phi))) = -\lambda,$$

où λ est la plus petite valeur propre de $\mathcal{R}e(S^*(\phi))$. On sait que les valeurs propres de $\mathcal{R}e(S^*(\phi))$ sont les point $(\lambda_k^{(n)})_{1\leq k\leq n}$ avec

$$\lambda_k^{(n)} = \frac{1-\alpha^2}{2\alpha}(P_\alpha(e^{it_k^{(n)}}) - \frac{1+\alpha^2}{1-\alpha^2}) = \frac{(1+\alpha^2)\cos t_k^{(n)} - 2\alpha}{1 - 2\alpha\cos t_k^{(n)} + \alpha^2}.$$

Or la fonction $h(t)$ est monotone sur l'intervalle $[0,\pi]$, on peut donc en déduire que :

$$\omega_2(\mathcal{R}e(S^*(\phi))) = \frac{-(1+\alpha^2)\cos t_n^{(n)} + 2\alpha}{1 - 2\alpha\cos t_n^{(n)} + \alpha^2}.$$

ce qui achève la preuve. □

Nous pouvons maintenant énoncer le résultat principal de ce chapitre.

Théorème 3.27. *Soit* $\phi(z) = \left(\dfrac{z-\alpha}{1-\overline{\alpha}z}\right)^n$ *avec* $\alpha \in \mathbb{C}$ *et* $|\alpha| < 1$ *alors*

$$\omega_2((S(\phi)) = \frac{-(1+|\alpha|^2)\cos t_n^{(n)} + 2|\alpha|}{1 - 2|\alpha|\cos t_n^{(n)} + |\alpha|^2}.$$

Corollaire 3.28. *Soit* $\phi(z) = \left(\dfrac{z-\alpha}{1-\overline{\alpha}z}\right)^2$ *avec* $\alpha \in \mathbb{C}$ *et* $|\alpha| < 1$ *alors*

$$\omega_2(S(\phi)) = \frac{1 + 2|\alpha| - |\alpha|^2}{2}.$$

3.6. UNE EXPRESSION EXPLICITE DU RAYON NUMÉRIQUE DE $S(\phi)$ DANS LE CAS OÙ ϕ EST UN PRODUIT DE BLASCHKE FINI AVEC UN UNIQUE ZÉRO

Démonstration. Dans ce cas le calcul du rayon numérique est évident car

$$\begin{aligned}
W(S^*(\phi)) &= W\left(\begin{pmatrix} \overline{\alpha} & 1-|\alpha|^2 \\ 0 & \overline{\alpha} \end{pmatrix}\right) \\
&= W\left(\overline{\alpha} I_2 + (1-|\alpha|^2) S_2^*\right) \\
&= \overline{\alpha} + \left(1-|\alpha|^2\right) W\left(S_2^*\right) \\
&= \overline{\alpha} + \left(1-|\alpha|^2\right) D\left(0, \frac{1}{2}\right] \\
&= D\left(\overline{\alpha}, \frac{1-|\alpha|^2}{2}\right].
\end{aligned}$$

(Ici la notation $D(a,r)$ désigne le disque fermé de centre a et de rayon r) Donc

$$\omega_2(S(\phi)) = \left|\overline{\alpha} + \frac{1-|\alpha|^2}{2} e^{i\arg(\overline{\alpha})}\right| = \frac{1+2|\alpha|-|\alpha|^2}{2}.$$

Néanmoins il est aussi important de voir que ce résultat peut être obtenu en utilisant le théorème 3.27. Pour cela, rappelons qu'on peut supposer que α est positif, et donc d'après l'égalité (3.7) on sait que

$$p_2(\cos t) = 4\cos^2 t - 4\alpha \cos t + \alpha^2 - 1$$

et que

$$\cos t_2^{(2)} = \frac{\alpha-1}{2}.$$

Ceci entraine d'après le théorème 3.27 que

$$\begin{aligned}
\omega_2(S(\phi)) &= \frac{-(1+\alpha^2)\cos t_2^{(2)} + 2\alpha}{1 - 2\alpha \cos t_2^{(2)} + \alpha^2} \\
&= \frac{-(1+\alpha^2)\dfrac{\alpha-1}{2} + 2\alpha}{1 - 2\alpha \dfrac{\alpha-1}{2} + \alpha^2} \\
&= \frac{-\alpha^3 + \alpha^2 + 3\alpha + 1}{2(1+\alpha)} \\
&= \frac{1 + 2\alpha - \alpha^2}{2}.
\end{aligned}$$

□

3.6. UNE EXPRESSION EXPLICITE DU RAYON NUMÉRIQUE DE $S(\phi)$ DANS LE CAS OÙ ϕ EST UN PRODUIT DE BLASCHKE FINI AVEC UN UNIQUE ZÉRO

Corollaire 3.29. *Soit* $\phi(z) = \left(\dfrac{z-\alpha}{1-\overline{\alpha}z}\right)^3$ *avec* $\alpha \in \mathbb{C}$ *et* $|\alpha| < 1$, *alors nous avons*

$$\omega_2(S(\phi)) = \frac{7|\alpha| - |\alpha|^3 + (1+|\alpha|^2)(|\alpha|^2+8)^{\frac{1}{2}}}{4 + 2|\alpha|^2 + 2|\alpha|(|\alpha|^2+8)^{\frac{1}{2}}}.$$

Démonstration. On peut supposer que $0 \leqslant \alpha < 1$. On a

$$p_3(\cos t) = \frac{2}{\sin t}\Big(\sin(2t) - \alpha \sin t\Big)\Big(\cos(2t) - \alpha \cos t\Big)$$

et d'après la proposition 3.20, on sait que $\cos t_3^{(3)}$ est la solution de l'équation $\cos(2t) - \alpha \cos t = 0$ sur l'intervalle $\left]\dfrac{\pi}{2}, \dfrac{3\pi}{4}\right[$ qui est équivalente à l'équation

$$2\cos^2(t) - \alpha \cos t - 1 = 0.$$

D'autre part comme $\cos t_3^{(3)}$ est négatif, on a forcément

$$\cos t_3^{(3)} = \frac{\alpha - (\alpha^2+8)^{\frac{1}{2}}}{4}$$

et donc

$$\begin{aligned}\omega_2(S(\phi)) &= \frac{-(1+\alpha^2)\dfrac{\alpha - (\alpha^2+8)^{\frac{1}{2}}}{4} + 2\alpha}{1 - 2\alpha\dfrac{\alpha - (\alpha^2+8)^{\frac{1}{2}}}{4} + \alpha^2} \\ &= \frac{7\alpha - \alpha^3 + (1+\alpha^2)(\alpha^2+8)^{\frac{1}{2}}}{4 + 2\alpha^2 + 2\alpha(\alpha^2+8)^{\frac{1}{2}}}.\end{aligned}$$

□

Corollaire 3.30. *Soit* $\phi(z) = \left(\dfrac{z-\alpha}{1-\overline{\alpha}z}\right)^4$ *avec* $\alpha \in \mathbb{C}$ *et* $|\alpha| < 1$. *On a :*

$$\omega_2(S(\phi)) = \frac{-|\alpha|^3 + |\alpha|^2 + 7|\alpha| + 1 + (1+|\alpha|^2)\left(|\alpha|^2 + 2|\alpha| + 5\right)^{\frac{1}{2}}}{2|\alpha|^2 + 2|\alpha| + 4 + 2|\alpha|\left(|\alpha|^2 + 2|\alpha| + 5\right)^{\frac{1}{2}}}.$$

Démonstration. Sans perte de généralité, on peut supposer que α est positif, et donc d'après la proposition 3.20, $t_4^{(4)}$ est la solution de l'équation

$$\alpha \sin \frac{3t}{2} = \sin \frac{5t}{2}$$

sur l'intervalle $]\frac{3\pi}{5}, \frac{4\pi}{5}]$. Or grâce aux identités

$$\sin(3x) = 3\sin x - 4\sin^3 x,$$
$$\cos(3x) = -3\cos x + 4\cos^3 x,$$

et

$$\cos(2x) = 2\cos^2 x - 1,$$

on peut établir que pour tout $x \in \mathbb{R}$ on a

$$\alpha \sin(3x) = \sin(5x)$$
$$\Leftrightarrow \alpha \sin(3x) = \sin(3x)\cos(2x) + \sin(2x)\cos(3x)$$
$$\Leftrightarrow \alpha(3 - 4\sin^2 x) = (3 - 4\sin^2 x)(2\cos^2 x - 1) + 2\cos^2(-3 + 4\cos^2 x)$$
$$\Leftrightarrow \alpha(-1 + 4\cos^2 x) = (-1 + 4\cos^2 x)(2\cos^2 x - 1) + 2\cos^2(-3 + 4\cos^2 x)$$
$$\Leftrightarrow 16\cos^4 x - (12 + 4\alpha)\cos^2 x + \alpha + 1 = 0.$$

Ce qui prouve que

$$\cos^2\left(\frac{t_4^{(4)}}{2}\right) \in \left\{ \frac{\alpha + 3 - (\alpha^2 + 2\alpha + 5)^{\frac{1}{2}}}{8}, \frac{\alpha + 3 + (\alpha^2 + 2\alpha + 5)^{\frac{1}{2}}}{8} \right\}.$$

On utilise alors l'identité 3.11 et le fait que $\cos(t_4^{(4)})$ est négatif pour obtenir

$$\cos(t_4^{(4)}) = \frac{\alpha + 3 - (\alpha^2 + 2\alpha + 5)^{\frac{1}{2}}}{4} - 1,$$

et en vertu du théorème 3.27 on conclut que

$$\omega_2(S(\phi)) = \frac{-\alpha^3 + \alpha^2 + 7\alpha + 1 + (1 + \alpha^2)(\alpha^2 + 2\alpha + 5)^{\frac{1}{2}}}{2\alpha^2 + 2\alpha + 4 + 2\alpha(\alpha^2 + 2\alpha + 5)^{\frac{1}{2}}}.$$

□

Pour avoir une idée sur l'image numérique du shift tronqué $S(\phi)$, nous avons choisi le cas où

$$\phi(z) = \left(\frac{z - \alpha}{1 - \alpha z}\right)^4,$$

avec $0 \leq \alpha < 1$ et nous vous proposons de suivre dans les figures suivantes l'évolution des images numériques lorsque α tend vers 1.

3.6. UNE EXPRESSION EXPLICITE DU RAYON NUMÉRIQUE DE $S(\phi)$
DANS LE CAS OÙ ϕ EST UN PRODUIT DE BLASCHKE FINI AVEC UN
UNIQUE ZÉRO   53

/homes/doua/gaaya/fig1.jpg

FIGURE 3.3 – Cas $\alpha = 0$

/homes/doua/gaaya/fig6.jpg

FIGURE 3.4 – Cas $\alpha = 0,6$

3.6. UNE EXPRESSION EXPLICITE DU RAYON NUMÉRIQUE DE $S(\phi)$ DANS LE CAS OÙ ϕ EST UN PRODUIT DE BLASCHKE FINI AVEC UN UNIQUE ZÉRO

/homes/doua/gaaya/fig8.jpg

FIGURE 3.5 – Cas $\alpha = 0,8$

/homes/doua/gaaya/fig99.jpg

FIGURE 3.6 – Cas $\alpha = 0,99$

3.7 Application : Une formule de Schwarz-Pick pour les contractions nilpotentes

Nous allons commencer par donner la définition des classes $\mathcal{C}_\rho$, telle qu'elles ont été introduites par Sz.-Nagy et Foias [36] :

Définition 3.31. *Soit $\rho > 0$. On dit qu'un opérateur $T \in \mathcal{B}(\mathcal{H})$ est une ρ-contraction (notation : $T \in \mathcal{C}_\rho$) si et seulement si T admet une ρ-dilatation unitaire, c'est à dire qu'il existe un opérateur unitaire U agissant sur $K \supset H$ tel que pour tout $n \geq 1$, on a*

$$T^n = \rho \ pr_{\mathcal{H}}(U^n).$$

Nous définissons à présent le rayon ρ-numérique (notion qui a été introduite par Holbrook dans [23], noté $w_\rho(.)$, qui est le rayon opératoriel associé à la classe $\mathcal{C}_\rho$.

Définition 3.32. *Pour tout $\rho > 0$, pour tout opérateur $T \in \mathcal{B}(\mathcal{H})$,*

$$w_\rho(T) = \inf\{1/r : r > 0 \ et \ rT \in \mathcal{C}_\rho\}.$$

Remarque 3.33. *Pour $\rho = 2$, on retrouve le rayon numérique classique et pour $\rho = 1$ on retrouve la norme de $\mathcal{B}(\mathcal{H})$.*

Pour $\alpha \in \mathbb{D}$, désignons par

$$\rho(\alpha) = \begin{cases} 1 + (\rho-1)\dfrac{1-|\alpha|}{1+|\alpha|} & \text{si } \rho \leq 1 \\[2ex] 1 + (\rho-1)\dfrac{1+|\alpha|}{1-|\alpha|} & \text{si } \rho \geq 1 \end{cases}.$$

Une des versions renforcées de l'inégalité de von Neumann est le théorème suivant obtenu par G. Cassier et N. Siciu.

Théorème 3.34 ([5]). *Soit f une fonction analytique non constante du disque unité dans lui même. Soit $\alpha \in \mathbb{D}$ et m l'ordre de multiplicité de α comme étant zéro de $f - f(\alpha)$. Alors, pour tout opérateur $T \in \mathcal{B}(\mathcal{H})$ vérifiant $w_\rho(T) < 1$ pour un certain $\rho > 0$, on a*

$$w_{\rho(\alpha)}\left[\Big(f(\alpha)I - f(T)\Big)\Big(I - \overline{f(\alpha)}f(T)\Big)^{-1}\right] \leq \left(w_{\rho(\alpha)}\left[\Big(\alpha I - T\Big)\Big(I - \overline{\alpha}T\Big)^{-1}\right]\right)^m.$$

Corollaire 3.35. *Soient $\alpha \in \mathbb{D}$ et $T \in \mathcal{C}_\rho$ avec $\rho = 1 + \dfrac{1-|\alpha|}{1+|\alpha|} \geq 1$. Soit f une fonction analytique non constante du disque unité dans lui même et m l'ordre de multiplicité de α comme étant zéro de $f - f(\alpha)$. Alors*

$$w_2\left[\Big(f(\alpha)I - f(T)\Big)\Big(I - \overline{f(\alpha)}f(T)\Big)^{-1}\right] \leq \left(w_2\left[\Big(\alpha I - T\Big)\Big(I - \overline{\alpha}T\Big)^{-1}\right]\right)^m.$$

Démonstration. La preuve est une application directe du théorème 3.34 puisque pour $\rho = 1 + \dfrac{1-|\alpha|}{1+|\alpha|} \geq 1$, on a $\rho(\alpha) = 2$. □

Théorème 3.36. *Soient $T \in \mathcal{B}(\mathcal{H})$ une contraction nilpotente d'ordre n, $\alpha \in \mathbb{D}$ et $f \in \mathbb{A}(\mathbb{D})$ du disque unité dans lui même. Désignons par $m = ord_\alpha(f - f(\alpha))$, alors*

$$w_2\left[\Big(f(\alpha)I - f(T)\Big)\Big(I - \overline{f(\alpha)}f(T)\Big)^{-1}\right] \leq \left(\frac{-(1+|\alpha|^2)\cos t_n^{(n)} + 2|\alpha|}{1 - 2|\alpha|\cos t_n^{(n)} + |\alpha|^2}\right)^m.$$

Démonstration. Si T est une contraction nilpotente d'ordre n, alors d'après le théorème 3.4, le corollaire 3.35 et le théorème 3.10 on obtient successivement

$$\begin{aligned}
& w_2\left[\Big(f(\alpha)I - f(T)\Big)\Big(I - \overline{f(\alpha)}f(T)\Big)^{-1}\right] & \\
\leq\ & w_2\left[\Big(f(\alpha)I - f(S_n^*)\Big)\Big(I - \overline{f(\alpha)}f(S_n^*)\Big)^{-1}\right] & (3.11) \\
\leq\ & w_2\left[\Big(\alpha I - S_n^*\Big)\Big(I - \overline{\alpha}S_n^*\Big)^{-1}\right]^m & (3.12) \\
=\ & \Big(w_2(S^*(\phi))\Big)^m & (3.13) \\
=\ & \left(\frac{-(1+|\alpha|^2)\cos t_n^{(n)} + 2|\alpha|}{1 - 2|\alpha|\cos t_n^{(n)} + |\alpha|^2}\right)^m & (3.14)
\end{aligned}$$

avec $\phi(z) = \left(\dfrac{z-\alpha}{1-\overline{\alpha}z}\right)^n$. □

Remarque 3.37. *Pour $f(z) = z$ et $\alpha = 0$, on a retrouve le théorème 3.3 de Haagerup et de la Harpe.*

3.8 Une estimation du rayon numérique de $S(\phi)$ dans le cas où ϕ est un produit de Blaschke fini quelconque

Lemme 3.38. *Soit (x_n) une suite de nombres réels alors pour tout entier naturel $p \geq 2$, on a*
$$\sum_{1 \leq i < j \leq p} (x_i + x_j) = (p-1) \sum_{1 \leq k \leq p} x_k$$

Démonstration. Nous allons procéder par récurrence sur p. Il est clair que cette propriété est vraie pour $p = 2$. Supposons que la propriété reste vraie jusqu'à un certain ordre p et prouvons qu'elle reste vraie pour $p+1$. On a

$$\begin{aligned}
\sum_{1 \leq i < j \leq p+1} (x_i + x_j) &= \sum_{1 \leq i < j \leq p} (x_i + x_j) + \sum_{1 \leq i \leq p} (x_i + x_{p+1}) \\
&= (p-1) \sum_{1 \leq k \leq p} x_k + p x_{p+1} + \sum_{1 \leq i \leq p} x_i \\
&= p \sum_{1 \leq k \leq p} x_k + p x_{p+1} \\
&= p \sum_{1 \leq k \leq p+1} x_k.
\end{aligned}$$

Ce qui achève la preuve par récurrence. □

Lemme 3.39. *Soit $n \geq 2$ un entier naturel et considérons la matrice carrée B d'ordre n définie par*
$$B = \begin{pmatrix} 0 & 1 & 1 & \cdots & 1 \\ 1 & 0 & 1 & \cdots & 1 \\ 1 & 1 & 0 & \cdots & 1 \\ \cdots & \cdots & \cdots & \cdots \\ 1 & 1 & 1 & \cdots & 0 \end{pmatrix}.$$
La matrice B admet pour valeurs propres -1 et $n-1$. Ici $n-1$ est une valeur propre simple.

La preuve de ce lemme est laissée au lecteur. Dans la suite, nous désignerons par

$$\phi_i = \left(\frac{z - \alpha_i}{1 - \overline{\alpha_i} z} \right)^{n_i}$$

pour tout $1 \leq i \leq p$. On notera par $\delta = \max\{w_2(S^*(\phi_i)), 1 \leq i \leq p\}$ et par $\rho = \max\{\cos \theta_{i,j}, 1 \leq i < j \leq p\}$ où θ_{ij} désigne l'angle entre les sous-espaces modèles $H(\phi_i)$ et $H(\phi_j)$.

Théorème 3.40. *Soit* $\phi = \prod_{i=1}^{p} \phi_i$ *avec* $p \geq 2$. *Si* $\rho < \dfrac{1-\delta}{2(p-1)}$, *alors on a*

$$w_2(S^*(\phi)) \leq \frac{\delta + \rho(p-1)}{1 - \rho(p-1)} = G(\rho, \delta).$$

Démonstration. Soit $f \in H(\phi)$ alors il existe $f_1, f_2, \ldots, f_p$ appartenant respectivement à $H(\phi_1), H(\phi_2), \ldots, H(\phi_p)$ telles que $f = \sum_{i=1}^{p} f_i$. On a donc

$$\begin{aligned}<S^*(\phi)f, f> &= \left(\sum_{k=1}^{p}\|f_k\|^2\right)\Bigg\{\sum_{i=1}^{p}\frac{\|f_i\|^2}{\sum_{k=1}^{p}\|f_k\|^2}<\frac{S^*(\phi_i)f_i}{\|f_i\|}, \frac{f_i}{\|f_i\|}> \\ &+ \sum_{1\leq i\neq j\leq p}\frac{\|S^*(\phi_i)f_i\|\|f_j\|}{\sum_{k=1}^{p}\|f_k\|^2}<\frac{S^*(\phi_i)f_i}{\|S^*(\phi_i)f_i\|}, \frac{f_j}{\|f_j\|}>\Bigg\}.\end{aligned}$$

Ce qui implique que

$$\begin{aligned}|<S^*(\phi)f, f>| &\leq \left(\sum_{k=1}^{p}\|f_k\|^2\right)\Bigg\{\sum_{i=1}^{p}\frac{\|f_i\|^2}{\sum_{k=1}^{p}\|f_k\|^2}w_2(S^*(\phi_i)) \\ &+ \sum_{1\leq i\neq j\leq p}\frac{\|f_i\|\|f_j\|}{\sum_{k=1}^{p}\|f_k\|^2}\cos\theta_{ij}\Bigg\}.\end{aligned}$$

Par suite

$$\begin{aligned}|<S^*(\phi)f, f>| &\leq \left(\sum_{k=1}^{p}\|f_k\|^2\right)\Bigg\{\sum_{i=1}^{p}\frac{\|f_i\|^2}{\sum_{k=1}^{p}\|f_k\|^2}\delta \\ &+ \sum_{1\leq i\neq j\leq p}\frac{\|f_i\|\|f_j\|}{\sum_{k=1}^{p}\|f_k\|^2}\rho\Bigg\}.\end{aligned}$$

C'est à dire que

$$|<S^*(\phi)f, f>| \leq \left(\sum_{k=1}^{p}\|f_k\|^2\right)<AX, X>$$

avec

$$A = \begin{pmatrix} \delta & \rho & \rho & \cdots & \rho \\ \rho & \delta & \rho & \cdots & \rho \\ \rho & \rho & \delta & \cdots & \rho \\ \cdots & \cdots & \cdots & \cdots & \cdots \\ \rho & \rho & \rho & \cdots & \delta \end{pmatrix}$$

et X le vecteur unitaire défini par

$$X = \frac{1}{\left(\sum_{k=1}^{p}\|f_k\|^2\right)^{\frac{1}{2}}} \begin{pmatrix} \|f_1\| \\ \|f_2\| \\ \vdots \\ \vdots \\ \|f_p\| \end{pmatrix}.$$

Remarquons que

$$\begin{aligned}
\sum_{k=1}^{p}\|f_k\|^2 &= 1 - \sum_{1\leq i\neq j\leq p} <f_i, f_j> \\
&\leq 1 + 2\sum_{1\leq i<j\leq p} \|f_i\|\|f_j\|\cos\theta_{i,j} \\
&\leq 1 + \rho \sum_{1\leq i<j\leq p} 2\|f_i\|\|f_j\|, \\
&\leq 1 + \rho \sum_{1\leq i<j\leq p} \left(\|f_i\|^2 + \|f_j\|^2\right) \\
&= 1 + (p-1)\rho \sum_{k=1}^{p}\|f_k\|^2.
\end{aligned} \quad (3.15)$$

Ici l'égalité (3.15) est due au lemme 3.38. Maintenant comme

$$\rho < \frac{1-\delta}{2(p-1)} < \frac{1}{p-1},$$

alors

$$\sum_{k=1}^{p}\|f_k\|^2 \leq \frac{1}{1-\rho(p-1)}.$$

Ainsi d'après le lemme 3.39

$$\begin{aligned}
w_2(S^*(\phi)) &\leq \frac{1}{1-\rho(p-1)} w_2(A) \\
&= \frac{\delta + \rho(p-1)}{1-\rho(p-1)} < 1.
\end{aligned}$$

$\square$

Remarque 3.41. *L'estimation dans le théorème 3.40 est optimale lorsque ρ est assez petit. Dans un tel cas $G(\rho, \delta)$ tend vers δ ce qui est tout à fait naturel puisque $S^*(\phi)$ a tendance a devenir la somme orthogonale des $S^*(\phi_i)$. Par conséquent l'image numérique de $S^*(\phi)$ a tendance à devenir l'enveloppe convexe des images numériques de $S^*(\phi_i)$.*

Corollaire 3.42. *Soit* $\phi_i = \left(\dfrac{z - \alpha_i}{1 - \overline{\alpha_i} z}\right)^{n_i}$ *pour* $i = 1, 2$ *avec* $\alpha_i \in \mathbb{C}$ *et* $|\alpha_i| < 1$ *et posons* $\phi = \phi_1 \phi_2$. *Soit* $\delta = \max\{w_2(S^*(\phi_i)), i = 1, 2\}$. *Si*

$$\left(1 - \left|\frac{\alpha_1 - \alpha_2}{1 - \overline{\alpha_1}\alpha_2}\right|^{2n_1 n_2}\right)^{\frac{1}{2}} < \frac{1 - \delta}{2},$$

alors

$$w_2(S^*(\phi)) \leq \frac{\delta + \left(1 - \left|\dfrac{\alpha_1 - \alpha_2}{1 - \overline{\alpha_1}\alpha_2}\right|^{2n_1 n_2}\right)^{\frac{1}{2}}}{1 - \left(1 - \left|\dfrac{\alpha_1 - \alpha_2}{1 - \overline{\alpha_1}\alpha_2}\right|^{2n_1 n_2}\right)^{\frac{1}{2}}}.$$

Démonstration. La preuve est une conséquence immédiate du théorème précédent et le théorème 2.16 de Nikolski et Vasyunin sur les angles entre les sous-espaces modèles . □

Chapitre 4

L'image numérique de rang supérieur du shift

4.1 Définition et propriétés

La notion d'image numérique de rang k d'un opérateur T, agissant sur un espace de Hilbert de dimension au moins k a été introduite par M.-D. Choi, D. W. Kribs, et K. Zyczkowski dans [8] et elle est définie comme suit

Définition 4.1. *Soit T un opérateur borné dans $\mathcal{B}(\mathcal{H})$ et $k \geq 1$ un entier naturel fixé. On appelle image numérique de rang k de T l'ensemble :*

$$\Lambda_k(T) = \{\lambda \in \mathbb{C} : PTP = \lambda P \text{ pour une certaine projection orthogonale } P \text{ de rang } k\}.$$

Si la dimension de $\mathcal{H}$ est finie et que k est supérieur à la dimension de $\mathcal{H}$ alors $\Lambda_k(T)$ est réduit à l'ensemble vide. L'introduction de cette théorie à été motivée par un problème en physique intitulé "quantum error correction" ; voir [9]. Remarquons que si P est une projection orthogonale de rang 1 alors $P = x \otimes x$ pour un certain vecteur unitaire x dans $\mathcal{H}$ et donc

$$PTP = (x \otimes x)TP = <Tx, x> P$$

Donc lorsque $k = 1$, ce concept se réduit à l'image numérique classique $W(T)$. D'après le célèbre théorème de Toeplitz-Hausdorff, on sait que l'image numérique classique est convexe (le lecteur peut consulter [28] pour une preuve simple). Dans [6], M.-D. Choi et M. Giesinger ont conjecturé que l'image numérique de rang k restera aussi convexe et ils ont réduit le problème de la convexité une première fois avec le théorème suivant.

Théorème 4.2. *L'image numérique de rang supérieur $\Lambda_k(T)$ est convexe pour tout $T \in \mathcal{B}(\mathcal{H})$ si et seulement si $0 \in \Lambda_k(T')$ avec*

$$T' = \begin{pmatrix} I_k & X \\ Y & -I_k \end{pmatrix}$$

pour X et Y arbitraires dans $\mathcal{M}_k(\mathbb{C})$ (l'algèbre des matrices carrées d'ordre k à coefficients complexes).

Et puis une deuxième fois sous la forme suivante :

Théorème 4.3. *Les assertions suivantes sont équivalentes :*
1. *Pour tout $X, Y \in \mathcal{M}_k(\mathbb{C})$ on a $0 \in \Lambda_k(T')$.*
2. *Pour tout $M, R \in \mathcal{M}_k(\mathbb{C})$ tel que R est définie positive il existe une matrice hermitienne H vérifiant*

$$I_k + MH + HM^* - HRH = H. \tag{4.1}$$

Dans [44], H. Woerdeman a prouvé que l'équation (1.1) est équivalente à l'équation de Ricatti :

$$HRH - H(M^* - I_k/2) - (M - I_k/2)H - I_k = 0_k. \tag{4.2}$$

En utilisant la théorie des équations de Ricatti (voir [27], théorème 4), H. Woerdeman a montré que l'équation (1.2) est résolvable ce qui prouve la convexité de $\Lambda_k(T)$. Dans [8], les auteurs ont étudié le cas des opérateurs hermitiens et ils ont montré le théorème suivant :

Théorème 4.4. *Soit $T \in \mathcal{B}(\mathcal{H})$ avec $\dim\mathcal{H} < \infty$. Si T est une matrice hermitienne ayant $\lambda_1 \leqslant \lambda_2 \cdots \leqslant \lambda_n$ comme valeurs propres alors*
1. $\Lambda_k(T) = [\lambda_k, \lambda_{n+1-k}]$ *si* $\lambda_k < \lambda_{n+1-k}$.
2. $\Lambda_k(T) = \lambda_k$ *si* $\lambda_k = \lambda_{n+1-k}$.
3. $\Lambda_k(T) = \emptyset$ *si* $\lambda_k > \lambda_{n+1-k}$.

Dans [31], C.-K. Li et N.-S. Sze ont montré que si $\mathcal{H}$ est de dimension finie alors l'image numérique de rang k d'un opérateur T peut s'exprimer en fonction de ses valeurs propres. Ce résultat se présente de la façon suivante :

Théorème 4.5. *Soit $T \in \mathcal{B}(\mathcal{H})$ avec $\dim\mathcal{H} = n$ alors*

$$\Lambda_k(T) = \bigcap_{\theta \in [0, 2\pi[} \left\{ \mu \in \mathbb{C} : e^{i\theta}\mu + e^{-i\theta}\overline{\mu} \leqslant \lambda_k \left(e^{i\theta}T + e^{-i\theta}T^*\right) \right\},$$

pour $1 \leqslant k \leqslant n$. Ici $\lambda_k(H)$ désigne la k-ième plus grande valeur propre d'une matrice hermitienne H dans $\mathcal{M}_n(\mathbb{C})$.

Grâce à ce théorème ils ont pu résoudre le problème de l'image numérique de rang k pour les matrices normales.

Théorème 4.6. *Supposons que $dim \mathcal{H} = n$ et soit $T \in \mathcal{B}(\mathcal{H})$ une matrice normale ayant $\lambda_1, \ldots, \lambda_n$ comme valeurs propres alors :*

$$\Lambda_k(T) = \bigcap_{1 \leqslant j_1 < \cdots < j_{n-k+1} \leqslant n} conv\left\{\lambda_{j_1}, \ldots, \lambda_{j_{n+1-k}}\right\}.$$

Dans le théorème suivant, on va établir quelques propriétés de l'image numérique de rang k. L'ensemble de ces résultats a été établi uniquement dans le cas matriciel. On étendra ces propriétés au cas d'un espace de Hilbert de dimension quelconque.

Théorème 4.7 ([6],[7],[8],[9])**.** *Soit $T \in \mathcal{B}(\mathcal{H})$ alors on a :*

1. *Pour tout a et $b \in \mathbb{C}$, $\Lambda_k(aT + bI) = a\Lambda_k(T) + b$.*
2. $\Lambda_k(T^*) = \overline{\Lambda_k(T)}$.
3. $\Lambda_k(T \oplus S) \supseteq \Lambda_k(T) \cup \Lambda_k(S)$.
4. *Pour tout opérateur unitaire $U \in \mathcal{B}(\mathcal{H})$, $\Lambda_k(U^*TU) = \Lambda_k(T)$.*
5. *Si T_0 est une compression de T sur un sous-espace $\mathcal{H}_0$ de $\mathcal{H}$ tel que $dim \mathcal{H}_0 \geq k$, alors $\Lambda_k(T_0) \subseteq \Lambda_k(T)$.*
6. $W(T) \supseteq \Lambda_2(T) \supseteq \Lambda_3(T) \supseteq \ldots$.

Dans le théorème suivant, on donnera des assertions équivalentes décrivant l'image numérique de rang k d'un opérateur T. Ce résultat est donné de façon indépendante par M.-D. Choi, M. Giesinger, J. A. Holbrook, et D. W. Kribs dans le cas matriciel.

Théorème 4.8. *Soit $T \in \mathcal{B}(\mathcal{H})$ alors les assertions suivantes sont équivalentes :*

1. $\lambda \in \Lambda_k(T)$.

2. *Il existe un sous-espace vectoriel L de dimension k tel que*

$$(T - \lambda I)L \perp L.$$

3. *Il existe $\{u_1, \cdots, u_k\}$ une famille orthonormale dans $\mathcal{H}$ telle que*

$$<Tu_i, u_j> = \lambda \delta_{ij}$$

pour tout $1 \leq i, j \leq k$. (δ_{ij} désigne le symbole de Kronecker).

4. Il existe un sous-espace vectoriel L de dimension k tel que

$$< Ts, s > = \lambda \|s\|^2$$

pour tout $s \in L$.

5. Il existe $A \in \mathcal{L}(\mathbb{C}^k, \mathcal{H})$ avec $A^*A = I_k$ et $A^*TA = \lambda I_k$.

6. Il existe $A \in \mathcal{L}(\mathbb{C}^k, \mathcal{H})$ avec $rg(A) = k$, $A^*A = I_k$ et

$$A^*(T - \lambda I_k)A = 0_k.$$

7. Il existe un opérateur unitaire U dans $\mathcal{B}(\mathcal{H})$ tel que U^*TU dilate λI_k, c'est à dire que

$$U^*TU = \left[\begin{array}{c|c} \lambda I_k & * \\ \hline * & * \end{array} \right].$$

8. $\mathcal{R}e(\lambda) \in \Lambda_k(\mathcal{R}e(T)), \mathcal{I}m(\lambda) \in \Lambda_k(\mathcal{I}m(T))$ et il existe une projection orthogonale P commune correspondante à ces deux relations.

Démonstration. $(1 \Rightarrow 2)$ Soit $\lambda \in \Lambda_k(T)$, alors il existe une projection orthogonale de rang k telle que $PTP = \lambda P$. Posons $L = Im(P)$. On a donc $\dim L = k$ et

$$\begin{aligned} <(T - \lambda I)x, y> &= <Tx, y> - \lambda <x, y> \\ &= <TPx, Py> - \lambda <x, y> \\ &= <PTPx, y> - \lambda <x, y> \\ &= <\lambda Px, y> - \lambda <x, y> \\ &= <\lambda x, y> - \lambda <x, y> \\ &= 0 \end{aligned}$$

pour tout x et $y \in L$.

$(2 \Rightarrow 3)$ Soit $\{u_1, \cdots, u_k\}$ une base orthonormée de L, alors on a

$$<(T - \lambda)u_i, u_j> = 0 \Rightarrow <Tu_i, u_j> = \lambda <u_i, u_j>$$
$$\Rightarrow <Tu_i, u_j> = \lambda \delta_{ij}.$$

$(3 \Rightarrow 1)$ Soit P la projection orthogonale avec $Im(P) = \text{vect}\{u_1, \cdots, u_1\}$. Le but est de prouver que $PTP = \lambda P$. Pour cela il suffit de montrer que $PTPu_i = \lambda Pu_i$

pour tout $1 \leq i \leq k$.

$$\begin{aligned} PTPu_i &= \sum_{j=1}^{k} <PTPu_i, u_j> u_j \\ &= \sum_{j=1}^{k} <Tu_i, u_j> u_j \\ &= \sum_{j=1}^{k} \lambda u_j \delta_{ij} \\ &= \lambda u_i \\ &= \lambda Pu_i. \end{aligned}$$

$(2 \Rightarrow 3)$ Évident.

$(4 \Rightarrow 2)$ On suppose que $<Tx, x> = \lambda \|x\|^2$ pour tout $x \in L$. Alors on trouve successivement

$$<(T - \lambda I)x, x> = 0, \ \forall x \in L,$$
$$<(T - \lambda I)(x+y), (x+y)> = 0, \ \forall x, y \in L,$$
et $\quad <(T - \lambda I)x, y> + <(T - \lambda I)y, x> = 0, \ \forall x, y \in L \quad (4.3)$

De même, nous avons

$<(T - \lambda I)(x - iy), (x - iy)> = 0, \ \forall x, y \in L, \ $ et par suite on obtient
$<(T - \lambda I)(-ix), y> + <(T - \lambda I)y, -ix> = 0, \ \forall x, y \in L,$
d'où $\ - <(T - \lambda I)x, y> + <(T - \lambda I)y, x> = 0, \ \forall x, y \in L. \quad (4.4)$

Les équations (4.3) et (4.4) impliquent que $<(T - \lambda I)x, y> = 0, \ \forall x, y \in L$.

$(3 \Rightarrow 7)$ Complétons $\{u_1, \cdots, u_k\}$ par $\{u_{k+1}, u_{k+2}, \cdots\}$ en une base

$$\{u_1, u_2, \cdots, u_k, u_{k+1}, \cdots\}$$

de $\mathcal{H}$ et désignons par U l'opérateur unitaire formé par les colonnes $u_1, \cdots, u_k, \cdots$. On note par L le sous espace vectoriel engendré par $\{u_1, u_2, \cdots, u_k\}$ et par P_L la projection orthogonale sur L. Alors

$$\begin{aligned} P_L U^* TU P_L &= \begin{pmatrix} <Tu_1, u_1> & \cdots & \cdots & <Tu_1, u_k> \\ \vdots & \ddots & & \vdots \\ \vdots & & \ddots & \vdots \\ <Tu_k, u_1> & \cdots & \cdots & <Tu_k, u_k> \end{pmatrix} \\ &= \lambda I_k. \end{aligned}$$

($7 \Rightarrow 3$) Cette implication est évidente. En effet il suffit de considérer les k premières colonnes de U.

($8 \Rightarrow 1$) Évidente.

($1 \Rightarrow 8$) Soit P une projection orthogonale telle que $PTP = \lambda P$, alors on a

$$P(\mathcal{R}e(T) + i\mathcal{I}m(T))P = (\mathcal{R}e(\lambda) + i\mathcal{I}m(\lambda))P$$
$$= P(\mathcal{R}e(T))P + iP(\mathcal{I}m(T))P = \mathcal{R}e(\lambda)P + i\mathcal{I}m(\lambda)P.$$

Comme $P(\mathcal{R}e(T))P$ et $P(\mathcal{I}m(T))P$ sont toutes les deux hermitiennes alors forcément

$$P(\mathcal{R}e(T))P = \mathcal{R}e(\lambda)P$$

et

$$P(\mathcal{I}m(T))P = \mathcal{I}m(\lambda)P$$

□

4.2 L'image numérique de rang k du shift

Dans le théorème qui va suivre, nous donnons l'image numérique de rang k du shift n-dimensionnel agissant sur $\mathbb{C}^n$. Mais avant cela, on aura besoin du lemme suivant :

Lemme 4.9. *Soit $\theta \in [0, 2\pi]$ et $A_n^\theta = e^{i\theta}S_n + e^{-i\theta}S_n^*$. Les valeurs propres de A_n^θ sont indépendantes de θ et sont données par*

$$\lambda_\nu = 2\cos(\frac{\nu\pi}{n+1}) \quad avec \quad 1 \leq \nu \leq n.$$

Démonstration. On a :

$$A_n^\theta = e^{i\theta}S_n + e^{-i\theta}S_n^* = \begin{pmatrix} 0 & e^{-i\theta} & 0 & \ldots & 0 & 0\ldots \\ e^{i\theta} & 0 & e^{-i\theta} & \ldots & 0 & 0\ldots \\ 0 & e^{i\theta} & 0 & \ldots & 0 & 0 \\ \vdots & \vdots & \vdots & \ddots & \vdots & \vdots \\ 0 & 0 & 0 & \ldots & 0 & e^{-i\theta} \\ 0 & 0 & 0 & \ldots & e^{i\theta} & 0 \end{pmatrix}.$$

Remarquons que $e^{i\theta}S_n + e^{-i\theta}S_n^*$ est la forme de Toeplitz associée au symbole

$$f_\theta(t) = 2\cos(\theta + t).$$

4.2. L'IMAGE NUMÉRIQUE DE RANG K DU SHIFT

Les valeurs propres sont solutions du polynôme caractéristique

$$\Delta_n(\lambda) = Det\left(e^{i\theta}S_n + e^{-i\theta}S_n^* - \lambda I_n\right)$$

$$= \begin{vmatrix} -\lambda & e^{-i\theta} & 0 & \ldots & 0 & 0\ldots \\ e^{i\theta} & -\lambda & e^{-i\theta} & \ldots & 0 & 0\ldots \\ 0 & e^{i\theta} & -\lambda & \ldots & 0 & 0 \\ \vdots & \vdots & \vdots & \ddots & \vdots & \vdots \\ 0 & 0 & 0 & \ldots & -\lambda & e^{-i\theta} \\ 0 & 0 & 0 & \ldots & e^{i\theta} & -\lambda \end{vmatrix}.$$

Ce qui nous permet d'obtenir que

$$\Delta_n(\lambda) = -\lambda\Delta_{n-1} - \Delta_{n-2}, \quad n = 3, 4, \ldots \quad .$$

Cette relation récurrente reste vraie pour $n = 2$ et $n = 1$ en supposant que $\Delta_0 = 1$ et $\Delta_{-1} = 0$. Pour trouver une forme explicite de $\Delta_n(\lambda)$, on convient que

$$\lambda = 2\cos(\theta + t) = f_\theta(t).$$

On obtient donc l'équation caractéristique

$$\rho^2 = -\lambda\rho - 1 = -2\rho\cos(\theta + t) - 1$$

dont les solutions sont $-e^{i(\theta+t)}$ et $-e^{-i(\theta+t)}$ et par suite

$$\Delta_n(2\cos(\theta + t)) = (-1)^n(Ae^{in(\theta+t)} + Be^{-in(\theta+t)}),$$

où les constantes A et B sont à déterminer à partir des conditions initiales

$$\begin{cases} \Delta_0 & = 1 = A + B \\ \Delta_{-1} & = 0 = -Ae^{-i(\theta+t)} - Be^{i(\theta+t)} \end{cases}.$$

Ce qui implique que

$$\begin{cases} A & = \dfrac{-ie^{i(\theta+t)}}{2\sin(\theta+t)} \\[2ex] B & = \dfrac{ie^{-i(\theta+t)}}{2\sin(\theta+t)} \end{cases}.$$

Ainsi

$$\Delta_n(2\cos(\theta+t)) = (-1)^n \frac{\sin((n+1)(\theta+t))}{\sin(\theta+t)}.$$

Le problème se ramène donc à résoudre l'équation ;
$$\frac{\sin((n+1)(\theta+t))}{\sin(\theta+t)} = 0.$$
Les solutions de la dernière équation sont les $(t_\nu)_{1 \leq \nu \leq n}$ avec
$$t_\nu = \frac{\nu\pi}{n+1} - \theta,$$
et donc les valeurs propres de A_n^θ sont les $(\lambda_\nu)_{1 \leq \nu \leq n}$ avec
$$\lambda_\nu = 2\cos(\frac{\nu\pi}{n+1}).$$

□

On peut voir d'une autre façon que les valeurs propres de A_n^θ sont indépendantes de θ en remarquant que pour tout $\theta \in [0, 2\pi]$ on a
$$S_n + S_n^* = D(\theta)^* (e^{i\theta} S_n + e^{-i\theta} S_n^*) D(\theta)$$
où $D(\theta)$ désigne la matrice unitaire diagonale :
$$\begin{pmatrix} e^{i\theta} & & & \\ & e^{2i\theta} & & \\ & & \ddots & \\ & & & e^{in\theta} \end{pmatrix}.$$
C'est à dire que $e^{i\theta} S_n + e^{-i\theta} S_n^*$ et $S_n + S_n^*$ sont unitairement équivalents.

Théorème 4.10. *Pour tout entier naturel $n \geq 2$ et $1 \leq k$, $\Lambda_k(S_n)$ coïncide avec le disque fermé $\{z \in \mathbb{C} : |z| \leq \cos\frac{k\pi}{n+1}\}$ si $1 \leq k \leq \left[\frac{n+1}{2}\right]$ et elle est réduite à l'ensemble vide si $\left[\frac{n+1}{2}\right] < k$.*

Démonstration. D'abord, remarquons que d'après le théorème 4.5, on a pour tout $1 \leq k \leq n$:
$$\begin{aligned}
\Lambda_k(S_n) &= \bigcap_{\theta \in [0, 2\pi[} \left\{ \mu \in \mathbb{C} : e^{i\theta}\mu + e^{-i\theta}\overline{\mu} \leq \lambda_k\left(e^{i\theta} S_n + e^{-i\theta} S_n^*\right) \right\} \\
&= \bigcap_{\theta \in [0, 2\pi[} \left\{ \mu \in \mathbb{C} : Re(e^{i\theta}\mu) \leq \frac{1}{2}\lambda_k\left(e^{i\theta} S_n + e^{-i\theta} S_n^*\right) \right\} \\
&= \bigcap_{\theta \in [0, 2\pi[} e^{i\theta} \left\{ z \in \mathbb{C} : Re(z) \leq \frac{1}{2}\lambda_k\left(e^{i\theta} S_n + e^{-i\theta} S_n^*\right) \right\} \\
&= \bigcap_{\theta \in [0, 2\pi[} e^{i\theta} \left\{ z \in \mathbb{C} : Re(z) \leq \cos(\frac{k\pi}{n+1}) \right\} \quad (4.5)
\end{aligned}$$

4.2. L'IMAGE NUMÉRIQUE DE RANG K DU SHIFT

où l'égalité (4.5) est due au lemme 4.9. Ainsi $\Lambda_k(S_n)$ est l'intersection des demi-plans fermés. Notons que pour $1 \leqslant k \leqslant n$,

$$\begin{aligned}
\cos(\frac{k\pi}{n+1}) \text{ est positif} &\Leftrightarrow 0 \leq \frac{k\pi}{n+1} \leq \frac{\pi}{2}\\
&\Leftrightarrow 0 \leq \frac{k}{n+1} \leq \frac{1}{2}\\
&\Leftrightarrow 1 \leq k \leq \frac{n+1}{2}.
\end{aligned}$$

On peut donc distinguer les deux cas suivants :

Cas 1. Si $1 \leqslant k \leqslant \left[\frac{n+1}{2}\right]$ alors $\Lambda_k(S_n)$ est le disque fermé

$$\{z \in \mathbb{C} : |z| \leqslant \cos\frac{k\pi}{n+1}\}.$$

Cas 2. Si $\left[\frac{n+1}{2}\right] < k \leqslant n$, en utilisant l'égalité (4.5), on peut dire que :

$$\begin{aligned}
\Lambda_k(S_n) &\subseteq \left\{z \in \mathbb{C} : \mathcal{R}e(z) \leqslant \cos(\frac{k\pi}{n+1})\right\} \bigcap e^{i\pi}\left\{z \in \mathbb{C} : \mathcal{R}e(z) \leqslant \cos\frac{k\pi}{n+1}\right\}\\
&= \emptyset.
\end{aligned}$$

Pour $k > n$, $\Lambda_k(S_n)$ reste vide d'après la propriété 6 du théorème 4.7, ce qui achève la preuve. □

Dans le théorème qui va suivre, on donnera l'image numérique de rang k pour le shift S. Pour plus de commodités, on introduit les notations suivantes :

– Pour $\zeta > 0$, $D(0,\zeta[$ désignera le disque ouvert

$$\{z \in \mathbb{C} : |z| < \zeta\}.$$

– Pour $\zeta \geq 0$, $D(0,\zeta]$ désignera le disque fermé

$$\{z \in \mathbb{C} : |z| \leq \zeta\}.$$

Théorème 4.11. *Pour tout entier naturel $k \geq 1$, on a*

$$\Lambda_k(S) = D(0,1[.$$

Démonstration. Soit $k \geq 1$ un entier naturel fixé, d'après la propriété 5 du théorème 4.7 on sait que

$$D\left(0, \cos(\frac{k\pi}{n+1})\right] = \Lambda_k(S_n) \subseteq \Lambda_k(S),$$

pour tout $n \geq k$. En tendant n vers $+\infty$ on déduit que
$$D(0,1[\subseteq \Lambda_k(S).$$

Réciproquement, soit $\lambda \in \Lambda_k(S)$, alors par définition, il existe une projection orthogonale P tel que $PSP = \lambda P$. Maintenant soit $\theta \in [0, 2\pi[$ et désignons par U_θ l'opérateur défini sur $\mathbb{H}^2$ par :
$$U_\theta(f)(z) = f(ze^{-i\theta}).$$

Alors pour tout f et $g \in \mathbb{H}^2$, on voit que
$$\begin{aligned}
< e^{i\theta} Sf, g > &= \int_0^{2\pi} e^{i(\theta+t)} f(e^{it}) \overline{g(e^{it})} \frac{dt}{2\pi} \\
&= \int_0^{2\pi} e^{is} f(e^{i(s-\theta)}) \overline{g(e^{i(s-\theta)})} \frac{ds}{2\pi} \\
&= < SU_\theta f, U_\theta g >.
\end{aligned}$$

Ceci entraine que
$$e^{i\theta} S = U_\theta^* S U_\theta, \text{ pour tout } \theta \in [0, 2\pi[.$$

Désignons maintenant par Q l'opérateur défini par
$$Q = U_\theta P U_\theta^*.$$

Comme P est une projection orthogonale de rang k et que U est unitaire alors Q reste aussi une projection orthogonale de rang k. De plus, on a
$$\begin{aligned}
QSQ &= U_\theta P U_\theta^* S U_\theta P U_\theta^* \\
&= e^{i\theta} U_\theta P S P U_\theta^* \\
&= \lambda e^{i\theta} U_\theta P U_\theta^* \\
&= \lambda e^{i\theta} Q.
\end{aligned}$$

Cela prouve donc que
$$\lambda \in \Lambda_k(S) \iff \lambda e^{i\theta} \in \Lambda_k(S), \forall \theta \in [0, 2\pi[,$$

il en résulte que $\Lambda_k(S)$ est un disque centré en 0. D'autre part si $1 \in \Lambda_k(S)$ alors d'après la propriété 6 du théorème 4.7, $1 \in W(S)$. Par suite il existe une fonction unitaire $f \in \mathbb{H}^2$ vérifiant $< Sf, f > = 1$. D'après le cas d'égalité dans l'inégalité de Cauchy Schwarz, cela implique que 1 est une valeur propre de S (cf. [20], Solution 212) ce qui est absurde. $\square$

Une conséquence immédiate du théorème 4.10 est le résultat classique :

4.2. L'IMAGE NUMÉRIQUE DE RANG K DU SHIFT   71

Corollaire 4.12. *On a*
$$W(S) = D\,(0,1[$$

Dans le reste de ce chapitre :
- $\rho(k,d)$ désignera la quantité définie par

$$\rho(k,d) = \begin{cases} k/d & \text{si } k/d \text{ est un entier} \\ [k/d]+1 & \text{sinon} \end{cases}$$

où k et d sont des entiers naturels arbitraires. (Dans le cas où $d = +\infty$ on convient que $\rho(k,d) = 1$).
- On notera par $\delta(k,d)$ le reste de la division euclidienne de k par d.

Lemme 4.13. *Soient n et r deux entiers naturels non nuls et $\lambda_1 > \cdots > \lambda_n$; n nombres réels. Désignons par $(\lambda'_p)_{1\leqslant p\leqslant nr}$ la suite définie par*

$$\lambda'_1 = \cdots = \lambda'_r = \lambda_1, \ldots, \lambda'_{(n-1)r+1} = \cdots = \lambda'_{nr} = \lambda_n.$$

Alors pour tout $1 \leqslant k \leqslant nr$, le k-ième plus grand terme de $(\lambda'_k)_{1\leqslant k\leqslant nr}$ est $\lambda_{\rho(k,r)}$.

Démonstration. Le résultat est évident si $r = 1$. Supposons que $r \geq 2$. Nous allons faire une preuve par récurrence sur k.

Si $k = 1$, alors il est clair que le plus grand terme de la suite est $\lambda_1 = \lambda_{\rho(1,r)}$. Donc la propriété est vraie pour $k = 1$.

Supposons maintenant que $k > 1$, et que le résultat est vrai pour le m-ième plus grand terme de $(\lambda'_t)_{1\leqslant t\leqslant nr}$ pour tout $m < k$. c'est à dire que pour tout $m < k$ le m-ième plus grand terme de $(\lambda'_t)_{1\leqslant t\leqslant nr}$ est $\lambda_{\rho(m,r)}$.

Premier cas. Supposons que $\rho(k-1,r) = \frac{k-1}{r}$, alors il existe $1 \leqslant p \leqslant n-1$ tel que $k-1 = pr$. D'après l'hypothèse de récurrence, on a $\lambda_{\rho(k-1,r)} = \lambda'_{pr} = \lambda_p$, ce qui implique que le k-ième plus grand terme de la suite $(\lambda'_t)_{1\leqslant t\leqslant nr}$ est

$$\lambda'_{pr+1} = \lambda_{p+1} = \lambda_{\frac{k-1}{r}+1} = \lambda_{[\frac{k}{r}]+1} = \lambda_{\rho(k,r)}.$$

Deuxième cas. Supposons que $\rho(k-1,r) = [\frac{k-1}{r}]+1$, alors il existe $1 \leqslant q \leqslant n-1$ et $1 \leqslant s \leqslant r-1$ tels que $k-1 = qr+s$. D'abord remarquons que $\rho(k-1,r) = \rho(k,r)$. D'autre part, d'après l'hypothèse de récurrence, on a $\lambda_{\rho(k-1,r)} = \lambda'_{qr+s} = \lambda_{q+1}$. Par conséquent, le k-ième plus grand terme de la suite $(\lambda'_t)_{1\leqslant t\leqslant nr}$ est

$$\lambda'_{qr+s+1} = \lambda_{q+1} = \lambda_{\rho(k-1,r)} = \lambda_{\rho(k,r)}.$$

ce qui complète la preuve. □

Proposition 4.14. *Considérons l'opérateur $I_{\mathcal{H}} \otimes S_n^*$ agissant sur l'espace produit tensoriel Hilbertien $\mathcal{H} \otimes \mathbb{C}^n$. Désignons par $d = \dim\mathcal{H}$ (on convient que $d = +\infty$ si la dimension de $\mathcal{H}$ est infinie). Alors pour tout $1 \leqslant k \leqslant nd$, on a*

$$\Lambda_k(I_{\mathcal{H}} \otimes S_n^*) = \begin{cases} D\left(0, \cos \frac{\rho(k,d)\pi}{n+1}\right) & si \ 1 \leqslant \rho(k,d) \leqslant \left[\frac{n+1}{2}\right] \\ \emptyset & si \ \left[\frac{n+1}{2}\right] < \rho(k,d) \leqslant n \end{cases}.$$

Démonstration. Dans la première partie de cette preuve on supposera que $1 \leqslant d < +\infty$, c'est à dire que $\mathcal{H}$ est de dimension finie. D'après le théorème 4.5, pour tout $1 \leq k \leq nd$, on obtient successivement

$$\begin{aligned}
&\Lambda_k(I_{\mathcal{H}} \otimes S_n^*) \\
&= \bigcap_{\theta \in [0, 2\pi[} \left\{ \mu \in \mathbb{C} : e^{i\theta}\mu + e^{-i\theta}\overline{\mu} \leqslant \lambda_k\left(e^{i\theta}(I_d \otimes S_n^*) + e^{-i\theta}(I_d \otimes S_n^*)^*\right)\right\} \\
&= \bigcap_{\theta \in [0, 2\pi[} \left\{ \mu \in \mathbb{C} : e^{i\theta}\mu + e^{-i\theta}\overline{\mu} \leqslant \lambda_k\left(e^{i\theta}(I_d \otimes S_n^*) + e^{-i\theta}(I_d \otimes S_n)\right)\right\} \\
&= \bigcap_{\theta \in [0, 2\pi[} \left\{ \mu \in \mathbb{C} : e^{i\theta}\mu + e^{-i\theta}\overline{\mu} \leqslant \lambda_k\left(I_d \otimes (e^{i\theta}S_n + e^{-i\theta}S_n^*)\right)\right\} \\
&= \bigcap_{\theta \in [0, 2\pi[} \left\{ \mu \in \mathbb{C} : e^{i\theta}\mu + e^{-i\theta}\overline{\mu} \leqslant \lambda_k\left(\oplus_{l=1}^d (e^{i\theta}S_n + e^{-i\theta}S_n^*)\right)\right\} \\
&= \bigcap_{\theta \in [0, 2\pi[} e^{i\theta}\left\{ z \in \mathbb{C} : 2\mathcal{R}e(z) \leqslant \lambda_k(\oplus_{l=1}^d (S_n + S_n^*))\right\} \\
&= \bigcap_{\theta \in [0, 2\pi[} e^{i\theta}\left\{ z \in \mathbb{C} : \mathcal{R}e(z) \leqslant \lambda_k(C_n)\right\}, \quad\quad\quad (4.6)
\end{aligned}$$

où C_n est la matrice diagonale définie par :

$$C_n = \begin{pmatrix} M_1 & & & \\ & M_2 & & \\ & & \ddots & \\ & & & M_n \end{pmatrix} \in \mathcal{M}_{nd}(\mathbb{C})$$

avec

$$M_\mu = \begin{pmatrix} \cos \frac{\mu\pi}{n+1} & & \\ & \ddots & \\ & & \cos \frac{\mu\pi}{n+1} \end{pmatrix} \in \mathcal{M}_d(\mathbb{C}), \text{ pour } 1 \leqslant \mu \leqslant n.$$

Avec l'égalité (4.6), on voit que $\Lambda_k(I_{\mathcal{H}} \otimes S_n^*)$ est l'intersection de demi-plans fermés et il est évident de conclure que :

$$\Lambda_k(I_{\mathcal{H}} \otimes S_n^*) = \begin{cases} D(0, \lambda_k(A_n)) & si \ \lambda_k(A_n) \geq 0 \\ \emptyset & sinon \end{cases}$$

Bien sûr l'image k-numérique $\Lambda_k(I_\mathcal{H} \otimes S_n^*)$ est réduite au singleton $\{0\}$ lorsque $\lambda_k(A_n) = 0$. Notons bien que les valeurs propres de la matrice C_n sont arrangées dans l'ordre décroissant comme suit :

$$C_n = diag(\underbrace{\cos \tfrac{\pi}{n+1}, \ldots, \cos \tfrac{\pi}{n+1}}_{d \text{ fois}}, \underbrace{\cos \tfrac{2\pi}{n+1}, \ldots, \cos \tfrac{2\pi}{n+1}}_{d \text{ fois}}, \ldots, \underbrace{\cos \tfrac{n\pi}{n+1}, \ldots, \cos \tfrac{\mu\pi}{n+1}}_{d \text{ fois}}).$$

D'après le lemme 4.13, on déduit que la k-ième plus grande valeur propre de C_n est $\cos \tfrac{\rho(k,d)\pi}{n+1}$ et on a donc

$$\Lambda_k(I_\mathcal{H} \otimes S_n^*) = \begin{cases} D\left(0, \cos \tfrac{\rho(k,d)\pi}{n+1}\right] & \text{si } 1 \leqslant \rho(k,d) \leqslant [\tfrac{n+1}{2}] \\ \emptyset & \text{si } [\tfrac{n+1}{2}] < \rho(k,d) \leqslant n \end{cases}, \quad (4.7)$$

pour tout $1 \leq k \leq nd$. Évidemment, $\Lambda_k(I_\mathcal{H} \otimes S_n^*)$ reste vide pour tout $k > nd$, d'après la propriété 6 du théorème 4.7.

Maintenant supposons que $d = +\infty$. Pour compléter la preuve de cette proposition nous allons procéder par étape

Première étape Dans cette partie, nous allons commencer par monter que

$$\Lambda_k(I_\mathcal{H} \otimes S_n^*) = D\left(0, \cos \frac{\pi}{n+1}\right], \text{ pour tout } k \geq 1. \quad (4.8)$$

D'abord, remarquons que l'égalité (4.8) est vraie dans le cas $k = 1$, c'est à dire que :

$$W(I_\mathcal{H} \otimes S_n^*) = D\left(0, \cos \frac{\pi}{n+1}\right]. \quad (4.9)$$

En effet, d'après la propriété 5 du théorème 4.7 il est clair que

$$W(I_\mathcal{H} \otimes S_n^*) \supseteq W(S_n^*) = D\left(0, \cos \frac{\pi}{n+1}\right].$$

Pour la seconde inclusion, désignons par $(\varepsilon_l)_{l \geq 0}$ une base orthonormée de $\mathcal{H}$ et par x un vecteur unitaire dans $\mathcal{H} \otimes \mathbb{C}^n$. On voit facilement qu'il existe une suite de nombres complexes $(x_l)_{l \geq 0}$ telle que

$$x = \sum_{l \geq 0} \varepsilon_l \otimes x_l.$$

De plus comme x est unitaire, on a

$$\begin{aligned}
1 &= \|x\|^2 \\
&= <\sum_{l\geq 0}\varepsilon_l\otimes x_l, \sum_{l\geq 0}\varepsilon_l\otimes x_l> \\
&= \sum_{l,m\geq 0}<\varepsilon_l,\varepsilon_m><x_l,x_m> \\
&= \sum_{l\geq 0}<\varepsilon_l,\varepsilon_l><x_l,x_l> \\
&= \sum_{l\geq 0}\|x_l\|^2.
\end{aligned}$$

Il s'en suit que

$$\begin{aligned}
<(I_{\mathcal{H}}\otimes S_n^*)x,x> &= <(I_{\mathcal{H}}\otimes S_n^*)\sum_{l\geq 0}\varepsilon_l\otimes x_l,\sum_{m\geq 0}\varepsilon_m\otimes x_m> \\
&= <\sum_{l\geq 0}\varepsilon_l\otimes S_n^*x_l, \sum_{m\geq 0}\varepsilon_m\otimes x_m> \\
&= \sum_{l,m\geq 0}<\varepsilon_l,\varepsilon_m><S_n^*x_l,x_m> \\
&= \sum_{l\geq 0}<S_n^*x_l,x_l> \\
&= \sum_{l\geq 0}<S_n^*\frac{x_l}{\|x_l\|},\frac{x_l}{\|x_l\|}>\|x_l\|^2. \qquad (4.10)
\end{aligned}$$

Comme $W(S_n^*)$ est un ensemble convexe compact, l'égalité précédente implique que

$$<(I_{\mathcal{H}}\otimes S_n^*)x,x>\in W(S_n^*) = D\left(0,\cos\frac{\pi}{n+1}\right].$$

Donc

$$W(I_{\mathcal{H}}\otimes S_n^*)\subseteq D\left(0,\cos\frac{\pi}{n+1}\right]$$

ce qui prouve l'égalité (4.8).

Deuxième étape En utilisant respectivement l'égalité (4.8), les propriétés 6 et 5 du théorème 4.7 et l'égalité (4.7), on peut affirmer que pour tout entier $p>k$ on a successivement

$$D\left(0,\cos\frac{\pi}{n+1}\right] = W(I_{\mathcal{H}}\otimes S_n^*)\supseteq \Lambda_k(I_{\mathcal{H}}\otimes S_n^*)\supseteq \Lambda_k(I_p\otimes S_n^*) = D\left(0,\cos\frac{\pi}{n+1}\right],$$

ce qui achève la preuve. □

4.2. L'IMAGE NUMÉRIQUE DE RANG K DU SHIFT

Dans la suite de ce chapitre et pour tout opérateur $T \in \mathcal{B}(\mathcal{H})$ on désignera $D_T = (I_N - T^*T)^{1/2}$ l'opérateur de défaut de T et par $\mathcal{D}_T = \overline{\mathrm{Im} D_T}$ l'espace de défaut de T. On notera par $d = \dim \mathcal{D}_T$ l'indice de défaut de T.

Théorème 4.15. *Considérons un opérateur $T \in \mathcal{B}(\mathcal{H})$ tel que $\|T\| \leq 1$ et $T^n = 0$. Alors l'image numérique $\Lambda_k(T)$ de rang k de T est contenue dans le disque fermé $\{z \in \mathbb{C} : |z| \leq \cos \frac{\rho(k,d)\pi}{n+1}\}$ si $1 \leq \rho(k,d) \leq [\frac{n+1}{2}]$ et elle est réduite à l'ensemble vide si $\rho(k,d) > [\frac{n+1}{2}]$.*

Démonstration. Si T est une contraction nilpotente vérifiant $T^n = 0$, alors l'opérateur T peut être vu comme une compression $I_{\mathcal{D}_T} \otimes S_n^*$ agissant sur l'espace de Hilbert $\mathcal{D}_T \otimes \mathbb{C}^n$ (le lecteur peut consulter [39], [2] et voir théorème 1.2 dans le chapitre II de [34],). Pour bien illustrer cela, considérons l'application $V : \mathcal{H} \to \mathcal{D}_T \otimes \mathbb{C}^n$, définie par
$$V(x) = \sum_{t=1}^n D_T T^{t-1} x \otimes e_t$$
où $\{e_l\}_{l=1}^n$ est la base canonique de $\mathbb{C}^n$. Nous allons commencer par prouver que V est une isométrie.

$$\begin{aligned}
<V(x), V(x)> &= <\sum_{k=1}^n D_T T^{k-1} x \otimes e_k, \sum_{l=1}^n D_T T^{l-1} x \otimes e_l> \\
&= \sum_{k,l=1}^n <D_T T^{k-1} x \otimes e_k, D_T T^{l-1} x \otimes e_l> \\
&= \sum_{k,l=1}^n <D_T T^{k-1} x, D_T T^{l-1} x><e_k, e_l> \\
&= \sum_{l=1}^n <D_T T^{l-1} x, D_T T^{l-1} x> \\
&= \sum_{l=1}^n <(I - T^*T) T^{l-1} x, T^{l-1} x> \\
&= \sum_{l=1}^n <T^{l-1} x, T^{l-1} x> - <T^* T^l x, T^{l-1} x> \\
&= \sum_{l=1}^n <T^{l-1} x, T^{l-1} x> - <T^l x, T^l x> \\
&= \|x\|^2.
\end{aligned}$$

Donc V est une isométrie. De plus on a :

$$\begin{aligned}
VTx &= \sum_{t=1}^n D_T T^t x \otimes e_t \\
&= \sum_{t=1}^{n-1} D_T T^t x \otimes e_t, \quad \text{car } T^n = 0 \\
&= \sum_{t=2}^n D_T T^{t-1} x \otimes e_{t-1} \\
&= \sum_{t=1}^{n-1} D_T T^{t-1} x \otimes S_n^* e_t \\
&= \sum_{t=1}^{n-1} (D_T T^{t-1} \otimes S_n^*)(x \otimes e_t) \\
&= \sum_{t=1}^{n-1} (I_{\mathcal{D}_T} \otimes S_n^*)(D_T T^{t-1} x \otimes e_t) \\
&= (I_{\mathcal{D}_T} \otimes S_n^*) \sum_{t=1}^{n-1} (D_T T^{t-1} x \otimes e_t) \\
&= (I_{\mathcal{D}_T} \otimes S_n^*) Vx
\end{aligned}$$

et par conséquent,
$$T = V^*(I_{\mathcal{D}_T} \otimes S_n^*)V.$$
D'après la propriété 5 du théorème 4.7, cela entraine que
$$\Lambda_k(T) = \Lambda_k(V^*(I_{\mathcal{D}_T} \otimes S_n^*)V) \subseteq \Lambda_k(I_{\mathcal{D}_T} \otimes S_n^*), \quad \text{pour tout } k \geq 1.$$
Ainsi, d'après la proposition 4.14 on peut déduire que
$$\Lambda_k(T) \subseteq \overline{D\big(0, \cos\frac{\rho(k,d)\pi}{n+1}\big)} \quad \text{si} \quad 1 \leqslant \rho(k,d) \leqslant [\tfrac{n+1}{2}]$$
et que $\Lambda_k(T)$ est vide si $\rho(k,d) > [\tfrac{n+1}{2}]$. □

Le théorème précédent permet d'établir un rapport entre l'image numérique de rang k d'un opérateur nilpotent de degré de nilpotence n et le shift n-dimensionnel S_n agissant sur $\mathbb{C}^n$. Dans le cas particulier où $k = 1$ et en utilisant le fait que $\rho(1,d) = 1$ pour tout $1 \leqslant d \leqslant +\infty$, on obtient l'inégalité de Haagerup et de la Harpe comme corollaire du théorème précédent.

Corollaire 4.16 (U. Haagerup, P. de la Harpe,[19]). *Soit* $T \in \mathcal{B}(\mathcal{H})$ *tel que* $\|T\| \leqslant 1$ *et* $T^n = 0$. *Alors on a* $\omega_2(T) \leqslant \cos\frac{\pi}{n+1}$.

Dans le théorème qui va suivre, nous allons montrer que le théorème 4.15 peut se généraliser au cas des opérateur de classe C_0.

Définition 4.17. *Un opérateur complètement non unitaire T est dit de classe C_0 [34] s'il existe une fonction $u \in \mathbb{H}^\infty$ non nulle telle que $u(T) = 0$. Parmi toutes les fonctions u vérifiant cette propriété, il en existe une qui est intérieure et qui divise toutes les autres. Cette fonction est notée m_T, et elle est unique modulo un facteur constant de module égal à 1.*

Pour un opérateur de classe C_0, les indices de défaut de T and T^* sont toujours égaux. (voir théorème 5.2 page 267 de [34]).

Théorème 4.18. *Si T est un opérateur de classe C_0 alors :*
$$\Lambda_k(T) \subseteq \Lambda_k(I_{\mathcal{D}_{T^*}} \otimes S(m_T))$$
pour tout $k \geq 1$.

Démonstration. Considérons l'application $V : \mathcal{H} \to \mathcal{D}_{T^*} \otimes \mathbb{H}^2$, définie par :
$$V(x) = \sum_{j=0}^{\infty} D_{T^*} T^{*j} x \otimes f_j,$$

où $(f_j)_{j\geq 0}$ est la base orthonormée de $\mathbb{H}^2$ définie par $f_j(z) = z^j$ pour tout $j \geq 0$. L'application V est une isométrie. En effet on a

$$\begin{aligned}
< V(x), V(x) > &= < \sum_{k\geq 0} D_{T^*} T^{*k} x \otimes f_k, \sum_{l\geq 0} D_{T^*} T^{*l} x \otimes f_l > \\
&= \sum_{k,l\geq 0} < D_{T^*} T^{*k} x \otimes f_k, D_{T^*} T^{*l} x \otimes f_l > \\
&= \sum_{k,l\geq 0} < D_{T^*} T^{*k} x, D_{T^*} T^{*l} x > < f_k, f_l > \\
&= \sum_{l\geq 0} < D_{T^*} T^{*l} x, D_{T^*} T^{*l} x > \\
&= \sum_{l\geq 0} < (I - TT^*) T^{*l} x, T^{*l} x > \\
&= \sum_{l\geq 0} < T^{*l} x, T^{*l} x > - < TT^{*l+1} x, T^{*l} x > \\
&= \sum_{l\geq 0} \|T^{*l} x\|^2 - \|T^{*l+1} x\|^2 \\
&= \lim_{n\to\infty} \left(\|x\|^2 - \|T^{*n+1} x\|^2 \right) \\
&= \|x\|^2.
\end{aligned}$$

La dernière égalité est due au fait que T^{*n} converge fortement vers 0. D'un autre côté on a :

$$\begin{aligned}
VT^*(x) &= \sum_{k\geq 0} D_{T^*} T^{*k+1} x \otimes f_k \\
&= \sum_{k\geq 0} D_{T^*} T^{*k+1} x \otimes S^*(f_{k+1}) \\
&= \sum_{k\geq 1} D_{T^*} T^{*k} x \otimes S^*(f_k) \\
&= \left(I_{\mathcal{D}_{T^*}} \otimes S^* \right) \left(\sum_{k\geq 1} D_{T^*} T^{*k} x \otimes f_k \right) \\
&= (I_{\mathcal{D}_{T^*}} \otimes S^*) V(x).
\end{aligned}$$

D'où
$$VT^{*2} = (I_{\mathcal{D}_{T^*}} \otimes S^*) VT^* = (I_{\mathcal{D}_{T^*}} \otimes S^*)^2 V.$$

Ainsi par récurrence sur n, on obtient
$$VT^{*n} = (I_{\mathcal{D}_{T^*}} \otimes S^*)^n V, \quad \text{pour tout} \quad n \geq 0.$$
Et par conséquent,
$$V\, h(T^*) = h(I_{\mathcal{D}_{T^*}} \otimes S^*)\, V, \quad \text{pour tout } h \in \mathbb{H}^\infty. \tag{4.11}$$
Comme $m_T(T) = 0$, on a aussi $\overline{m_T}(T^*) = 0$ et donc
$$0 = \overline{m_T}(I_{\mathcal{D}_{T^*}} \otimes S^*)V = (I_{\mathcal{D}_{T^*}} \otimes m_T(S)^*)V.$$
Ceci conduit à l'inclusion suivantes
$$\text{Im}(V) \subseteq \text{Ker}(I_{\mathcal{D}_{T^*}} \otimes m_T(S)^*).$$
Dans la suite de cette preuve on va montrer que
$$\text{Ker}(I_{\mathcal{D}_{T^*}} \otimes m_T(S)^*) = \mathcal{D}_{T^*} \otimes H(m_T).$$
Pour la preuve de la première inclusion considérons
$$x = \sum_{k=1}^{d} \xi_k \otimes h_k \in \text{Ker}(I_{\mathcal{D}_{T^*}} \otimes m_T(S)^*)$$
avec $(\xi_k)_{1 \leq k \leq d}$ une base orthonormée de $\mathcal{D}_{T^*}$ et $(h_k)_{1 \leq k \leq d}$ une suite de fonctions de $\mathbb{H}^2$. Il vient
$$\begin{aligned} 0 &= (I_{\mathcal{D}_{T^*}} \otimes m_T(S)^*)x \\ &= \sum_{k=1}^{d} \xi_k \otimes m_T(S)^* h_k \end{aligned}$$
et comme $(\xi_k)_{1 \leq k \leq d}$ est une base orthonormée, on a nécessairement
$$m_T(S)^* h_k = 0 \quad \text{pour tout} \quad 1 \leq k \leq d.$$
C'est à dire que $h_k \in \text{Ker}(m_T(S)^*)$ et par suite $x \in \mathcal{D}_{T^*} \otimes H(m_T)$. Ce qui prouve le premier sens de l'inclusion. Pour la seconde inclusion, considérons le vecteur
$$x = \sum_{k=1}^{d} \xi_k \otimes h_k \in \mathcal{D}_{T^*} \otimes H(m_T)$$

où $(\xi_k)_{1\leq k\leq d}$ est une base orthonormée de $\mathcal{D}_{T^*}$ et $(h_k)_{1\leq k\leq d}$ une suite de fonctions de $H(m_T)$. Nous avons

$$\begin{aligned}(I_{\mathcal{D}_{T^*}}\otimes m_T(S)^*)x &= (I_{\mathcal{D}_{T^*}}\otimes m_T(S)^*)(\sum_{k=1}^d \xi_k\otimes h_k)\\ &= \sum_{k=1}^d \xi_k\otimes m_T(S)^*h_k\\ &= 0.\end{aligned}$$

Ceci prouve l'égalité (4.12). Ainsi

$$\text{Im}(V)\subseteq \mathcal{D}_{T^*}\otimes H(m_T)$$

d'où le diagramme commutatif suivant :

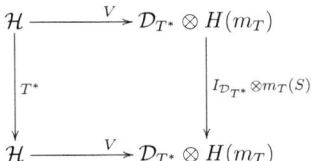

Il s'en suit que

$$VT^* = (I_{\mathcal{D}_{T^*}}\otimes m_T(S)^*)_{|\mathcal{D}_{T^*}\otimes H(m_T)}V = (I_{\mathcal{D}_{T^*}}\otimes S^*(m_T))V \qquad (4.12)$$

En d'autres termes, T^* est la restriction de la somme directe d'un certain nombre de copies de $S^*(m_T)$, le nombre de copies est égal à l'indice de défaut de T. Pour finaliser la preuve de ce théorème, il suffit d'appliquer la propriété 2 du théorème 4.7. $\square$

Une conséquence immédiate de ce théorème est le résultat suivant :

Corollaire 4.19. *([2] proposition 1) Si T est opérateur de classe C_0 alors $W(T)\subseteq W(S(m_T))$, et $\omega_2(T)\leqslant \omega_2(S(m_T))$.*

Dans le résultat qui va suivre nous donnerons l'image numérique de rang supérieur des puissances du shift n-dimensionnel.

Théorème 4.20. *Soient n, k et q des entiers naturels arbitraires tels que $n\geq 2$, $1\leqslant k\leqslant n$ et $2\leqslant q\leqslant n-1$.*

1. Si $\delta(n,q) = 0$, $S_n^q = \oplus_{i=1}^{q} S_{\rho(n,q)}$.

2. Si $1 \leqslant \delta(n,q) \leqslant q-1$, $S_n^q = \left(\oplus_{i=1}^{\delta(n,q)} S_{\rho(n,q)} \right) \oplus \left(\oplus_{i=1}^{q-\delta(n,q)} S_{\rho(n,q)-1} \right)$.

3. Si $\delta(n,q) = 0$, $\Lambda_k(S_n^q) = \begin{cases} \overline{D\left(0, \cos \frac{\rho(k,q)\pi}{\rho(n,q)+1}\right)} & \text{si } 1 \leqslant \rho(k,q) \leqslant [\frac{\rho(n,q)+1}{2}] \\ \emptyset & \text{sinon} \end{cases}$.

4. Si $1 \leqslant \delta(n,q) \leqslant q-1$ et $1 \leqslant \delta(k,q) \leqslant \delta(n,q)$

$$\Lambda_k(S_n^q) = \begin{cases} \overline{D\left(0, \cos \frac{\rho(k,q)\pi}{\rho(n,q)+1}\right)} & \text{si } \rho(k,q) \leqslant [\frac{\rho(n,q)+1}{2}] \\ \emptyset & \text{sinon} \end{cases}.$$

5. Si $1 \leqslant \delta(n,q) \leqslant q-1$ et $\delta(k,q) = 0$ ou si $\delta(n,q)+1 \leqslant \delta(k,q) \leqslant q-1$

$$\Lambda_k(S_n^q) = \begin{cases} \overline{D\left(0, \cos \frac{\rho(k,q)\pi}{\rho(n,q)}\right)} & \text{si } \rho(k,q) \leqslant [\frac{\rho(n,q)}{2}] \\ \emptyset & \text{sinon} \end{cases}.$$

Démonstration. D'abord, remarquons que pour $1 \leqslant s \leqslant n$ on a

$$S_n^q(e_s) = \begin{cases} e_{s+q} & \text{si } 1 \leqslant s \leqslant n-q \\ 0 & \text{si } n-q < s \leqslant n \end{cases}. \tag{4.13}$$

Considérons la division euclidienne de n par q. Alors il existe $\alpha \geq 1$ et $0 \leqslant r \leqslant q-1$ tels quel $n = \alpha q + r$.

Supposons que $r = 0$, alors $n = \alpha q$ et α est nécessairement supérieur ou égal à 2. Pour $1 \leqslant i \leqslant q$, désignons par

$$\mathcal{F}_i = \{e_{i+jq}; \ 0 \leqslant j \leqslant \alpha-1\} \text{ et } \widehat{\mathcal{F}}_i = \text{spam}\mathcal{F}_i.$$

Commençons par prouver l'assertion suivante :

$$\mathbb{C}^n = \oplus_{i=1}^{q} \widehat{\mathcal{F}}_i \text{ et } S_{n|\widehat{\mathcal{F}}_i}^q = S_\alpha.$$

Pour la preuve de cette assertion, remarquons tout d'abord que

$$\sum_{i=1}^{q} \text{Card}\widehat{\mathcal{F}}_i = n.$$

D'autre part pour $1 \leqslant i \neq i' \leqslant q$, $\mathcal{F}_i \cap \mathcal{F}_{i'} = \emptyset$. Sinon il existe $0 \leqslant j, j' \leqslant \alpha-1$ tels que $i+jq = i'+j'q$ c'est à dire que $i'-i = q(j-j')$ et sans perte de généralité on peut

4.2. L'IMAGE NUMÉRIQUE DE RANG K DU SHIFT

supposer que $i' > i$ et $j > j'$ donc $q = \frac{i'-i}{j-j'} \leqslant q - 1$, ce qui n'est pas possible. Ainsi $\mathbb{C}^n$ est la somme directe des sous-espaces vectoriels $\widehat{\mathcal{F}}_i$ pour $1 \leqslant i \leqslant q$. Maintenant d'après (2.13), pour tout $1 \leqslant i \leqslant q$ et $0 \leqslant j \leqslant \alpha - 1$, la "compression" S_n^q sur le sous-espace vectoriel $\widehat{\mathcal{F}}_i$ est donnée par

$$\begin{aligned} S_n^q(e_{i+jq}) &= e_{i+(j+1)q} \quad \text{if} \quad 0 \leqslant j \leqslant \alpha - 2 \\ S_n^q(e_{i+\alpha q}) &= 0 \end{aligned}$$

ce qui implique que $S_{n|\widehat{\mathcal{F}}_i}^q$ est unitairement équivalent à S_α et évidemment S_n^q est unitairement équivalent à $\oplus_{i=1}^q S_\alpha = I_q \otimes S_\alpha$. La proposition 2.4 implique donc que

$$\Lambda_k(S_n^q) = \begin{cases} \overline{D\left(0, \cos\frac{\rho(k,q)\pi}{\alpha+1}\right)} & \text{si } 1 \leqslant \rho(k,q) \leqslant [\frac{\alpha+1}{2}] \\ \emptyset & \text{sinon} \end{cases}.$$

Pour le reste de la preuve, supposons que $1 \leqslant r \leqslant q - 1$. Pour $1 \leqslant i \leqslant q$, désignons par

$$\begin{cases} \mathcal{F}_i = \{e_{i+jq}; \ 0 \leqslant j \leqslant \alpha\} & \text{et } \widehat{\mathcal{F}}_i = \mathrm{spam}\mathcal{F}_i \quad \text{pour } 1 \leqslant i \leqslant r \\ \mathcal{G}_i = \{e_{i+jq}; \ 0 \leqslant j \leqslant \alpha - 1\} & \text{et } \widehat{\mathcal{G}}_i = \mathrm{spam}\mathcal{G}_i \quad \text{pour } r+1 \leqslant i \leqslant q \end{cases}.$$

En utilisant le même raisonnement que ci-dessus on prouve aisément que

$$\mathbb{C}^n = \left(\oplus_{i=1}^r \widehat{\mathcal{F}}_i\right) \oplus \left(\oplus_{i=r+1}^q \widehat{\mathcal{G}}_i\right), \tag{4.14}$$

$$S_{n|\widehat{\mathcal{F}}_i}^q = S_{\alpha+1}, \tag{4.15}$$

et

$$S_{n|\widehat{\mathcal{G}}_i}^q = S_\alpha, \tag{4.16}$$

ce qui implique que

$$S_n^q = \left(\oplus_{i=1}^r S_{\alpha+1}\right) \oplus \left(\oplus_{i=1}^{q-r} S_\alpha\right).$$

Relativement à la base $\{\mathcal{F}_i; 1 \leqslant i \leqslant r\} \cup \{\mathcal{G}_i; r+1 \leqslant i \leqslant q\}$ de $\mathbb{C}^n$, la matrice de S_n^q s'écrit comme suit :

$$\begin{pmatrix} S_{\alpha+1} & & & & & \\ & \ddots & & & & \\ & & S_{\alpha+1} & & & \\ & & & S_\alpha & & \\ & & & & \ddots & \\ & & & & & S_\alpha \end{pmatrix}$$

ce qui montre que
$$\Lambda_k(S_n^q) = \Lambda_k\Big(\big(I_r \otimes S_{\alpha+1}\big) \oplus \big(I_{q-r} \otimes S_\alpha\big)\Big).$$

D'autre part, on a

$$e^{i\theta}\Big(\big(I_r \otimes S_{\alpha+1}\big) \oplus \big(I_{q-r} \otimes S_\alpha\big)\Big) + e^{-i\theta}\Big(\big(I_r \otimes S_{\alpha+1}\big) \oplus \big(I_{q-r} \otimes S_\alpha\big)\Big)^*$$
$$= e^{i\theta}\Big(\big(I_r \otimes S_{\alpha+1}\big) \oplus (I_{q-r} \otimes S_\alpha)\Big) + e^{-i\theta}\Big(\big(I_r \otimes S_{\alpha+1}^*\big) \oplus \big(I_{q-r} \otimes S_\alpha^*\big)\Big)$$
$$= \Big(I_r \otimes \big(e^{i\theta}S_{\alpha+1} + e^{-i\theta}S_{\alpha+1}^*\big)\Big) \oplus \Big(I_{q-r} \otimes \big(e^{i\theta}S_\alpha + e^{-i\theta}S_\alpha^*\big)\Big)$$
$$= \Big(\oplus_{i=1}^{r}\big(e^{i\theta}S_{\alpha+1} + e^{-i\theta}S_{\alpha+1}^*\big)\Big) \oplus \Big(\oplus_{i=1}^{q-r}\big(e^{i\theta}S_\alpha + e^{-i\theta}S_\alpha^*\big)\Big).$$

Les valeurs propres de $e^{i\theta}S_{\alpha+1} + e^{-i\theta}S_{\alpha+1}^*$ et $e^{i\theta}S_\alpha + e^{-i\theta}S_\alpha^*$ sont respectivement

$$\left(2\cos\frac{\mu\pi}{\alpha+2}\right)_{1\leqslant\mu\leqslant\alpha+1} \text{ et } \left(2\cos\frac{\nu\pi}{\alpha+1}\right)_{1\leqslant\nu\leqslant\alpha}.$$

Ainsi
$$\Lambda_k(S_n^q) = \bigcap_{\theta\in[0,2\pi[} e^{i\theta}\{z \in \mathbb{C} : Re(z) \leqslant \lambda_k(B)\}$$

où B désigne la matrice suivante :

$$\begin{pmatrix} \boxed{\begin{matrix} M_1 \\ & N_1 \end{matrix}} & & & \\ & \ddots & & \\ & & \boxed{\begin{matrix} M_\alpha \\ & N_\alpha \end{matrix}} & \\ & & & \boxed{M_{\alpha+1}} \end{pmatrix}$$

avec
$$M_\mu = \begin{pmatrix} \cos\frac{\mu\pi}{\alpha+2} & & \\ & \ddots & \\ & & \cos\frac{\mu\pi}{\alpha+2} \end{pmatrix} \in \mathcal{M}_r(\mathbb{C}), \quad 1 \leqslant \mu \leqslant \alpha+1$$

et
$$N_\nu = \begin{pmatrix} \cos\frac{\nu\pi}{\alpha+1} & & \\ & \ddots & \\ & & \cos\frac{\nu\pi}{\alpha+1} \end{pmatrix} \in \mathcal{M}_{q-r}(\mathbb{C}), \quad 1 \leqslant \nu \leqslant \alpha.$$

Remarquons que
$$\cos\frac{\pi}{\alpha+2} > \cos\frac{\pi}{\alpha+1} > \cos\frac{2\pi}{\alpha+2} > \cdots > \cos\frac{\alpha\pi}{\alpha+1} > \cos\frac{(\alpha+1)\pi}{\alpha+2}.$$

Ce qui implique que les valeurs propres dans la dernière matrice sont rangées dans l'ordre décroissant. Maintenant considérons la division euclidienne de k par q alors $k = \alpha' q + r'$ avec $0 \leqslant r' \leqslant q-1$ et $\alpha' \geqslant 0$. Nous pouvons donc distinguer trois cas :

Premier cas Si $r' = 0$, $\lambda_k = \cos \frac{\alpha' \pi}{\alpha+1}$ et

$$\Lambda_k(S_n^q) = \begin{cases} \overline{D\left(0, \cos \frac{\alpha' \pi}{\alpha+1}\right)} & \text{si } \alpha' \leqslant [\frac{\alpha+1}{2}] \\ \emptyset & \text{sinon} \end{cases}$$

Deuxième cas Si $1 \leqslant r' \leqslant r$, $\lambda_k = \cos \frac{(\alpha'+1)\pi}{\alpha+2}$ et

$$\Lambda_k(S_n^q) = \begin{cases} \overline{D\left(0, \cos \frac{(\alpha'+1)\pi}{\alpha+2}\right)} & \text{si } \alpha'+1 \leqslant [\frac{\alpha+2}{2}] \\ \emptyset & \text{sinon} \end{cases}$$

Troisième cas Si $r+1 \leqslant r' \leqslant q-1$, $\lambda_k = \cos \frac{(\alpha'+1)\pi}{\alpha+1}$ et

$$\Lambda_k(S_n^q) = \begin{cases} \overline{D\left(0, \cos \frac{(\alpha'+1)\pi}{\alpha+1}\right)} & \text{si } \alpha'+1 \leqslant [\frac{\alpha+1}{2}] \\ \emptyset & \text{sinon} \end{cases}.$$

□

Bibliographie

[1] C. Badea and G. Cassier, Constrained von Neumann inequalities, Adv. Math. 166 (2002), no. 2, 260–297.

[2] H. Bercovici, Numerical ranges of operators of class C_0, Linear Multilinear Algebra 50 (2002), no. 3, 219–222.

[3] A. Böttcher and S. Grudsky, Spectral properties of banded Toeplitz matrices. Society for Industrial and Applied Mathematics (SIAM), Philadelphia, PA, 2005.

[4] G. Cassier, I. Chalendar, and B. Chevreau, New examples of contractions illustring membership and non membership in The classe $A_{n,m}$, Acta Sci. Math (Szeged) 64 (1998), 701–731.

[5] G. Cassier et N. Suciu, Sharpened forms of a von Neumann inequality for ρ-contractions. Math. Scand. 102 (2008), no. 2, 265–282.

[6] M.-D. Choi, M. Giesinger, J. A. Holbrook, and D. W. Kribs, Geometry of higher-rank numerical ranges, Linear and Multilinear Algebra 56 (2008), 53-64.

[7] M.-D. Choi, J. A. Holbrook, D.W. Kribs, and K. Zyczkowski, Higher-rank numerical ranges of unitary and normal matrices, Operators and Matrices 1 (2007), 409-426.

[8] M.-D. Choi, D. W. Kribs, and K. Zyczkowski, Higher-rank numerical ranges and compression problems, Linear Algebra Appl. 418 (2006), 828-839.

[9] M.-D. Choi, D. W. Kribs, and K. Zyczkowski, Quantum error correcting codes from the compression formalism, Rep. Math. Phys. 58 (2006), 77-91.

[10] E.V. Egerváry and O. Szász, Einige Extremalprobleme in Bereiche der trigonometrischen Polynomen, Math. Z. 27 (1928), 641-652.

[11] H. Gaaya, On the numerical radius of the truncated adjoint Shift. Extracta Mathematicae, Vol 25, no. 2, 165-182 (2010).

[12] H. Gaaya, On the higher rank range of the shift operator, Journal of Mathematical Sciences : Advances and Applications. (In press).

[13] H. Gaaya, A sharpened Schwarz-Pick operatorial inequality and a generalisation of a Haagerup and de la Harpe result. (En préparation).

[14] H.L. Gau, C.K. Li, P.Y. Wu, Higher-rank numerical ranges and dilations, J. Operator Theory, in press.

[15] H. L. Gau and P. Y. Wu, Numerical range and Poncelet property, Taiwanese J. Math. 7 (2003), no. 2, 173–193.

[16] H. L. Gau and P. Y. Wu, Numerical range of $S(\phi)$. Linear and Multilinear Algebra 45 (1998), no. 1, 49–73.

[17] U. Grenander and G. Szegö, Toeplitz forms and their applications. California Monographs in Mathematical Sciences University of California Press, Berkeley-Los Angeles 1958.

[18] K.E. Gustafson, D.K.M. Rao : Numerical Range, Springer, New York, 1997.

[19] U. Haagerup and P. de la Harpe, The numerical radius of a nilpotent operator on a Hilbert space, Proc. Amer. Math. Soc. 115(1992), 371–379.

[20] P. R. Halmos, A Hilbert space problem book. Second edition. Graduate Texts in Mathematics, 19. Encyclopedia of Mathematics and its Applications, 17. Springer-Verlag, New York-Berlin, 1982.

[21] P.R. Halmos, A Glimpse into Hilbert Space, Lectures on Modern Mathematics, vol. i, Wiley, New York, 1963, pp. 1-22.

[22] K. Hoffman, Banach spaces of analytic functions. Prentice-Hall Series in Modern Analysis. Prentice-Hall Inc., Englewood Cliff, N. J., 1962.

[23] John A. R. Holbrook, On the power-bounded operators of Sz.-Nagy and Foiaş. Acta Sci. Math. (Szeged) 29 1968 299–310.

[24] R. A. Horn and C. R. Johnson, Topics in matrix analysis. Cambridge University Press, Cambridge, 1991.

[25] M. Kac, W. L. Murdock and G. Szegö, On the eigenvalues of certain Hermitian forms. J. Rational Mech. Anal. 2, (1953). 767–800.

[26] Von R. Kippenhahn, Ober den Wertevorrat einer matrix, Math. Nachr. 6, pp. 193-228, 1951 1952.

[27] P. Lancaster and L. Rodman, Algebraic Riccati equations, Oxford Science Publications, The Clarendon Press, Oxford University Press, New York, 1995.

[28] C.-K. Li, A simple proof of the elliptical range theorem, Proc. Amer. Math. Soc. 124 (1996), 1985-1986.

[29] C.-K. Li, Y. T. Poon and N.-S. Sze, Condition for the higher rank numerical range to be non-empty, Linear and Multilinear Algebra, to appear.

[30] C.-K. Li, Y. T. Poon and N.-S. Sze, Higher rank numerical ranges and low rank perturbations of quantum channels, preprint. http ://arxiv.org/abs/0710.2898.

[31] C.-K. Li, N.-S. Sze, Canonical forms, higher rank numerical ranges, totally isotropic subspaces, and matrix equations, Proc. Amer. Math. Soc. Volume 136, Number 9, September 2008, Pages 3013–3023.

[32] B. Mirman, Numerical ranges and Poncelet curves. Linear Algebra Appl. 281 (1998), no. 1-3, 59–85,

[33] B. Mirman, About the numerical range of a finite dimensional operator (in Russian), Latv. Mat. Yezhegodnik, Riga, 1966, pp. 187-197.

[34] B. Sz.-Nagy et C. Foias, Harmonic analysis of operator on Hilbert space, North-Holland Publishing Co., Amesterdam-London; Americain Elsevier Publishing Co., Inc., New York; Akadémiai Kiado, Budapest, 1970.

[35] B. Sz-Nagy, Sur la norme des fonctions de certains opérateurs, Acta Math. Acad. Sci. Hungar. 20 (1969), 331–334.

[36] B. Sz.-Nagy et C. Foias, On certain classes of power-bounded operators in Hilbert space. Acta Sci. Math. (Szeged) 27 1966 17–25.

[37] J. von Neumann, Eine Spektraltheorie für allgemeine Operatoren eines unitären Raumes, Math. Nachr. 4 (1951), 258–281.

[38] N.Nikolski, Treatise on the shift operator, Springer-Verlag, Berlin etc., 1986.

[39] C. Pop, On a result of Haagerup and de la Harpe. Rev. Roumaine Math. Pures Appl. 43 (1998), no. 9-10, 869–871.

[40] V. Pták and N. J. Young, Functions of operators and the spectral radius, Linear Algebra Appl. 29 (1980), 357–392.

[41] W. Rudin, Real and complex analysis. McGraw-Hill Book Co., New York, third edition, 1987.

[42] G. W. Stewart and J.-G. Sun, Matrix Perturbation Theory, Academic Press, New York, 1990.

[43] W. F. Trench, Interlacement of the even and odd spectra of real symmetric Toeplitz matrices. Linear Algebra Appl. 195 (1993), 59–68.

[44] H. Woerdeman, The higher rank numerical range is convex, Linear and Multilinear Algebra 56 (2008), 65-67.

Oui, je veux morebooks!

i want morebooks!

Buy your books fast and straightforward online - at one of world's fastest growing online book stores! Environmentally sound due to Print-on-Demand technologies.

Buy your books online at
www.get-morebooks.com

Achetez vos livres en ligne, vite et bien, sur l'une des librairies en ligne les plus performantes au monde!
En protégeant nos ressources et notre environnement grâce à l'impression à la demande.

La librairie en ligne pour acheter plus vite
www.morebooks.fr

 VDM Verlagsservicegesellschaft mbH
Heinrich-Böcking-Str. 6-8   Telefon: +49 681 3720 174   info@vdm-vsg.de
D - 66121 Saarbrücken   Telefax: +49 681 3720 1749 www.vdm-vsg.de

Printed by Books on Demand GmbH, Norderstedt / Germany